日本 图解 机械工学入门系列

从零开始学
机械工程测量技术

（原著第2版）

（日）门田和雄◎著

王明贤　李牧◎译

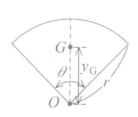

U0228892

化学工业出版社

·北京·

内 容 简 介

本书通过图解的形式讲解机械工程测量技术的基础理论知识，内容涵盖长度、质量和力、压力、时间和转速、温度和湿度、流体、材料强度、形状及机械零件等的测量。本书理念先进，形式活泼。书中每个知识点都配有例题讲解，并给出题目分析和详细解答步骤，易学易懂。每章后还附有习题，书后有习题解答，供读者巩固学习和参考之用。

本书适合普通本科非机械类、高职机械类学生阅读，也适合对相关知识感兴趣的自学者阅读。

Original Japanese Language edition

ETOKI DE WAKARU KEISOKU KOGAKU (DAI 2 HAN)

by Kazuo Kadota

Copyright © Kazuo Kadota 2018

Published by Ohmsha, Ltd.

Chinese translation rights in simplified characters arrangement with Ohmsha, Ltd.

through Japan UNI Agency, Inc., Tokyo

本书中文简体字版由株式会社欧姆社授权化学工业出版社独家出版发行。

本书仅限在中国内地（大陆）销售，不得销往中国香港、澳门和台湾地区。未经许可，不得以任何方式复制或抄袭本书的任何部分，违者必究。

北京市版权局著作权合同登记号：01-2020-5198

图书在版编目（CIP）数据

从零开始学机械工程测量技术/（日）门田和雄著；
王明贤，李牧译. —北京：化学工业出版社，2021.8（2025.5重印）
（日本图解机械工学入门系列）
ISBN 978-7-122-39174-2

Ⅰ.①从… Ⅱ.①门… ②王… ③李… Ⅲ.①机械工程-
测试技术-图解 Ⅳ.①TG806-64

中国版本图书馆CIP数据核字（2021）第092869号

责任编辑：王　烨　金林茹　　　　　　文字编辑：袁　宁　陈小滔
责任校对：边　涛　　　　　　　　　　装帧设计：王晓宇

出版发行：化学工业出版社（北京市东城区青年湖南街13号　邮政编码100011）
印　　装：三河市航远印刷有限公司
710mm×1000mm　1/16　印张10½　字数202千字　2025年5月北京第1版第4次印刷

购书咨询：010-64518888　　　　　　　　　售后服务：010-64518899
网　　址：http://www.cip.com.cn
凡购买本书，如有缺损质量问题，本社销售中心负责调换。

定　　价：59.80元　　　　　　　　　　　　　版权所有　违者必究

原著第2版前言

　　本书自2006年4月出版发行以来，经过十年之久再版。在这期间，有多所大学和高职院校将本书作为教材使用。

　　第2版在修订过程中，增加了国际质量体系标准在2018年修正更新的内容。同时，作为教材，为了使学生更好地掌握学习内容，本书还充实了各章节后的习题。

　　"机械工程测量技术"在机械工程中起着重要的作用，但是类似于本书这样的面向初学者的总结类书籍却很少。现在人们越来越重视大数据，相信在工程领域中的各种类型的测量数据的处理也会越来越重要。

　　希望读者能够通过本次的修订版，学到正确测量数据的基础知识。

作者

2018年1月

原著第1版前言

　　在机械工程学中，当制造某种形状的运动物体时，需要测量零件的长度。在这种场合，即使尺寸为1mm，也不能马马虎虎地处理，否则就有可能无法制造出合格的产品。在金属零件的制造过程中，至少需要使用测量精度达0.05mm的游标卡尺，甚至需要使用测量精度达0.01mm的千分尺。

　　最近，经常听说"纳米技术"这一词语。1纳米是10^{-9}米。我们已经能够在纳米范围内进行尺寸的测量，并制造出新的零件，组装这些零件就能够制造出计算机以及微机械等。毫无疑问，如果无法进行纳米测量的话，这些制造技术就都不能实现。

　　另外，能够进行测量的不仅有长度，还有质量、温度以及时间等各种各样的物理量。在学习测量技术的过程中，要准确地理解这些物理量的定义和单位，选取和采用适当的方法进行测量。产品制造能够从技术发展到理论，是需要用数学的定量表示其过程的。换句话说，产品制造正是通过测量而进入了工程领域的。

　　本书从产品制造的角度出发，总结和归纳了测量技术的基础知识，在阐述过程中，尽可能地反映实际的测量状况。希望读者学到各种类型测量的原理，并在实际的测量中应用。

作者

2006年4月

目 录

第1章　测量的基础知识

1-1　测量概述 ……………………… 2

1-2　国际单位制 …………………… 5

1-3　测量误差 ……………………… 8

1-4　测量仪器的性能 ……………… 10

1-5　测量仪的组成 ………………… 12

1-6　有效数字 ……………………… 14

习题 ………………………………… 17

第2章　长度的测量

2-1　长度的基准和单位 …………… 20

2-2　长度的测量 …………………… 22

2-3　长度的测量误差 ……………… 38

习题 ………………………………… 41

第3章　质量和力的测量

3-1　质量和力的基准与单位 ……… 44

3-2　质量的测量 …………………… 46

3-3　力的测量 ……………………… 52

3-4　功率的测量 …………………… 54

习题 ………………………………… 56

第4章　压力（压强）的测量

4-1　压力（压强）的定义和单位 …… 58

4-2　压力的测量 …………………… 60

4-3　真空的测量 …………………… 64

习题 ………………………………… 66

第5章 时间和转速的测量

5-1 时间的测量 ···································· 68

5-2 转速的测量 ···································· 74

习题 ·· 78

第6章 温度和湿度的测量

6-1 温度的定义和单位 ···················· 80

6-2 温度的测量 ···························· 82

6-3 湿度的测量 ···························· 86

习题 ·· 88

第7章 流体的测量

7-1 表示流体的物理量 ···················· 90

7-2 流体的测量 ···························· 92

习题 ·· 102

第8章 材料强度的测量

8-1 材料强度的基本知识 ·················· 104

8-2 材料试验 ······························ 107

习题 ·· 118

第9章 角度和形状的测量

9-1 角度的测量 ···························· 120

9-2 形状的测量 ···························· 126

习题 ·· 136

第10章 机械零件的测量

10-1 螺纹的测量 ·························· 138

10-2 齿轮的测量 ·························· 144

习题 ·· 148

习题解答 ···································· **149**

第**1**章

测量的基础知识

在产品制造过程中，测量是不可或缺的重要步骤。测量以长度的度量为基础，有多种多样的测量方法。在本章，我们首先要明确测量与度量的差异。此外，我们将介绍测量过程中使用的测量单位，这些测量单位都是已经标准化的全世界通用的国际单位。测量过程中不可避免地会出现测量误差，这种误差用测量仪器的精度和灵敏度等性能指标来反映。

希望读者通过本章的学习能够认识到测量的重要性。

1-1

测量概述

测量是产品制造的支撑。

 测量就是度量能否达到目标的过程。

❶ 测量与度量相比具有更宽泛的含义。
❷ 测量技术是与产品制造紧密相关的综合技术。

(1) 测量与量化

日本工业标准（Japan Industrial Standard，JIS）是日本基于工业标准化法制定的，适用于所有工业产品的国家标准。根据日本工业标准定义的测量用语，测量（instrumentation）是指"具有特定的目标，研究和实施能够量化而获取准确量值的方法和手段，并使用测量的结果达到预期的目的"。还有，度量（measurement，如图1.1所示）是指与具有计量单位的标准量进行比较，使用某一单位制的数值或者符号来表示。

只有罗列的数据

10.2，10.1，10.3，10.2，10.3

这是什么数值？
单位是？

(a) 度量

10.2 10.1 10.3 10.2 10.3 mm

已知量产化的零件的直径，如果要进一步减小尺寸的分散……

(b) 测量

图1.1　测量与度量

我们能够通过度量得到新的数据。但是，如果仅仅是将这些得到的数据罗列出来，也不能说完成了测量。可以说，只有将这些度量出来的数据作为信息进行整理，并且能够利用这些信息达到一定的目的，才能说完成了测量。如此，测量的概念比度量具有更广泛的含义。

本书也基于这一概念，将单纯的数据采集称为度量，而将对使用这些具有利用价值的数据进行量化的描述称为测量。但是，在某些场合下也还是无法将两者严格区分开来。

测量工程是指以测量技术为基础，与工业生产过程中的产品制造紧密相关的一种综合技术体系，有时也称为工业测量。

(2) 重视测量的原因

现在通过举例说明在产品制造过程中重视测量的原因。随着工业化进程的发展，工业产品的制造可以采用大规模生产的方式进行。于是，要求各个零部件能够进行互换成为必然。零部件具有互换性就意味着A工厂的1mm和B工厂的1mm应该是完全相同的长度。如果没有这个保证，由于各个工厂所制造的1mm具有不同的误差长度，那么将每个工厂生产出来的零部件集中在一起就无法完成组装，也就无法制造任何产品。

1776年，在美国独立战争爆发之后，需要大规模生产武器的美国枪械工厂解决了互换性这一问题。正是那时，伊莱·惠特尼工厂（图1.2）将每只枪械的零件各不相同的尺寸控制在规定的较小误差范围内，进行了大规模的生产。这就是说，惠特尼工厂是通过使各个零部件都具有互换性，来使大规模生产成为可能。

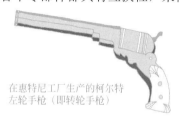

在惠特尼工厂生产的柯尔特左轮手枪（即转轮手枪）

图1.2　惠特尼的枪械

在这种情况下，为了让产品具有互换性，需要一个标准的长度计量器具，因此，人们制定了长度的标准，之后又陆续发明了游标卡尺、千分尺等能够精确测量长度的测量仪器。此外，为了进一步提高大规模生产的效率，又发明了极限量规（图1.3）和块规等，以便更快速地知道零件的误差是否在一定范围内，而不是读取每个零件长度的绝对值。稍后将详细介绍这些测量器具。

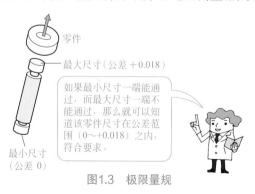

零件

最大尺寸（公差 +0.018）

如果最小尺寸一端能通过，而最大尺寸一端不能通过，那么就可以知道该零件尺寸在公差范围（0～+0.018）之内，符合要求。

最小尺寸（公差 0）

图1.3　极限量规

在这样的实际生产中，以前一直依靠经验或直觉来进行产品制造，现在则可以测量获得的客观数据的度量值为基础，以接近于科学的方法来实现产品的生产制造。这些测量技术将成为大规模生产汽车等的制造企业必不可少的基本技术。

　　创立福特公司的亨利·福特一直思考如何使汽车产品大众化，特别是让农村的人们也能够拥有汽车。为了实现这一目标，首先要降低汽车的价格。为了降低汽车的价格，就需要大规模生产来实现生产成本的缩减。亨利·福特为了实现高效迅速地大规模生产产品，提出了零部件的标准化生产和移动式组装生产线，称为福特生产系统。

　　根据零部件的标准化来进行生产，由于能够实现一次性生产大批量的零部件，于是就降低了生产成本。同时通过现场生产人员的努力、原材料利用率的提高、生产效率的提升，使进一步降低生产成本成为可能。在这个过程中，起重要作用的就是零部件的测量。另外，引入了移动式装配生产线，通过利用卷扬机牵引汽车底盘，使汽车在移动式装配生产线上移动，将一辆汽车的生产时间由13小时缩短为5小时50分钟。后来，引进了自动带式输送机，实现了只用1小时30分钟就能组装一辆汽车。

1-2

国际单位制

 .... 测量所采用的单位是世界通用的。

❶ 国际单位制的基本单位有7种。

❷ 按照需要，可以使用的单位包含导出单位和辅助单位。

（1） 国际单位制

国际标准化组织（International Organization for Standardization，ISO）制定了世界统一的单位制，这就是国际单位制（SI单位制）。1974年，日本的JIS标准开始采用SI单位制。

在SI单位制中，有7个基本单位和2个辅助单位（表1.1、表1.2和图1.4）。除此之外还有通过推导得到的需要使用的单位，称为导出单位，这是基于定律或一定的关系式，由基本单位推导出来的单位（表1.3）。

表1.1 基本单位

长度	米（m）
质量	千克（kg）
时间	秒（s）
电流	安培（A）
热力学温度	开尔文（K）
物质的量	摩尔（mol）
发光强度	坎德拉（cd）

表1.2 辅助单位

平面角	弧度（rad）
立体角	球面度（sr）

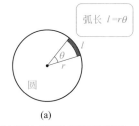

(a)

在圆周上截取的弧长正好等于圆的半径时，其所对应的圆心角为1弧度(rad)

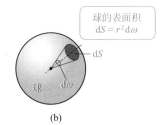

(b)

以球的中心为顶点，在球表面截取面积等于其半径的平方，这时的球表面所对应的球心的张角为1球面度

图1.4 平面角和立体角

5

表 1.3　导出单位

面积	平方米（m²）
体积	立方米（m³）
速度	米每秒（m/s）
加速度	米每二次方秒（m/s²）
密度	千克每立方米（kg/m³）

我们不仅要记住采用 N 或 Pa 等单位符号的具有固定名称的导出单位（表1.4），而且要牢记推导出导出单位的基本单位。

表 1.4　具有固定名称的导出单位

力	牛顿（N）	$kg \cdot m/s^2$
压力、应力	帕斯卡（Pa）	N/m^2 或 $kg \cdot m^{-1} \cdot s^{-2}$
能量、功	焦耳（J）	$N \cdot m$
功率	瓦特（W）	J/s
频率	赫兹（Hz）	s^{-1}

在测量工程中，一般以长度的度量为中心，也存在与其测量相关的各种物理量。这些物理量是以长度、质量、时间、电流、热力学温度、物质的量、发光强度 7 个基本量为基础，包含空间、时间、力学、热、电气、磁场、光、放射、声音等对象。

（2）　国际单位制的词头

在 SI 单位制中，经常在单位的前面加上词头来表示十进制单位的倍数和分数。国际单位制的词头见表1.5。

表 1.5　国际单位制的词头

倍数	符号	名称	倍数	符号	名称
10^{12}	T	太或太拉（tera）	10^{-1}	d	分（deci）
10^9	G	吉或吉咖（giga）	10^{-2}	c	厘（centi）
10^6	M	兆（mega）	10^{-3}	m	毫（milli）
10^3	k	千（kilo）	10^{-6}	μ	微（micro）
10^2	h	百（hecto）	10^{-9}	n	纳（诺）（nano）
10	da	十（deca）	10^{-12}	p	皮（可）（pico）

另外，如果将国际单位制的词头用汉字进行表示，就有如表1.6所示的关系。

表 1.6　词头的汉字表示

10^{68}	无量大数	wuliangdashu	10^4	万	wan
10^{64}	不可思议	bukesiyi	10^3	千	qian
⋮			10^2	百	bai
10^{24}	秭	zi	10^1	十	shi
10^{20}	垓	gai	10^0	一	yi
10^{16}	京	jing	10^{-1}	分	fen
10^{12}	兆	zhao	10^{-2}	厘	li
10^8	亿	yi	10^{-3}	毫	hao

专栏　日本的计量纪念日

尽管日本在 1885 年已加盟米制公约，但是在现实生活中，人们同时使用尺制单位、米制单位以及英制单位，导致单位制相当混乱。日本在 1992 年公布了新的计量法，开始向统一的国际单位制迈进。另外，因为于 1993 年 11 月 1 日开始实施计量法，因此，将每年的 11 月 1 日设为计量纪念日，目的是促进计量制度的普及和提高社会整体的计量意识。

1-3

测量误差

 .... 真值是无法测量到的值。

❶ 测量误差是指用测量值减去真值所得到的值。

❷ 测量误差可以根据产生原因进行分类。

(1) 误差的概念

在度量过程中，必然会产生或大或小的误差。误差是指用测量值减去真值所得到的值。

$$误差 = 测定值 - 真值$$

通过高精度测量，能够获得接近真值的测量值。但是，无论使用多么精密的测量仪器都无法测量到真值。你可能会认为既然无法测量到真值，那误差也就无法确定。因此，有必要制定出至少能更接近真值的标准。

另外，可以使用相对误差来表示误差程度。

$$相对误差 = \frac{误差}{真值}$$

(2) 误差的分类

误差是由各种各样的因素引起的，因此，能够按照产生的原因来进行分类（图1.5）。

错误（mistake）是指测量者将应该读取到的数值"86"误读成"83"（图1.6）。有时也会出现正确地读数了，但在记录时却写入了错误数值的情况。

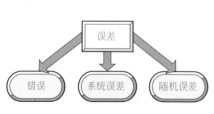

图1.5 误差的分类

图1.6 错误

系统误差是指已经知道发生原因和倾向，能够通过校正的方法来修正测量值的可测误差。这类误差有因测量仪器的热膨胀而引起的理论误差；有因使用测量仪器本身而引起的测量仪器的固有误差，如千分尺螺距的不等距偏差等；也有因测量者在读取刻度时的习惯而引起的操作误差等（图1.7）。

图1.7　系统误差

这种类型的误差发生在误差产生的原因和量值已知的情况下，虽然能够从测量值中清除，但完全清除通常是困难的。

随机误差是指在消除错误并且进行了系统误差校正的情况下，测量值出现波动的误差（图1.8）。由于这类误差随测量方法不同而变动，所以难以完全消

图1.8　随机误差

除。但是，如果通过反复测量可以获得其特有的分布规律，那么就能够通过统计的方法来处理测量数据，从而能够提高测量值的精度，使其更接近真值。

例如，在产生同样大小的随机误差中，正误差和负误差发生的次数大约相等，较小的随机误差发生的次数比较大的随机误差更多。

1-4

测量仪器的性能

 测量仪器的精密度与灵敏度之间有着微妙的关系。

❶ 测量仪器的精度包含了精密度和准确度。

❷ 为了进行高精度测量，需要采用高灵敏度的测量仪器。

(1) 测量仪器的精密度

在同样的条件下，使用测量仪器进行多次测量时，其分散的程度越小就称精密度越高［图1.9（a）和（b）］。相反，分散的程度越大就称精密度越低。分散就是随机误差产生的原因。

另外，测量值的平均值和真值之间的差值称为偏差，这种偏差越小，准确度就越高［图1.9（c）和（d）］。偏差就是产生系统误差的原因。

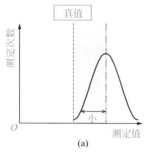

(a)

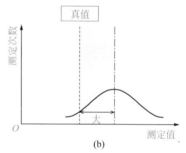

(b)

图(a)的测定值比图(b)的分散程度小，所以图(a)测定值的精密度比图(b)的高。

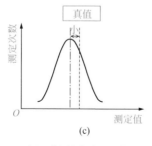

(c)

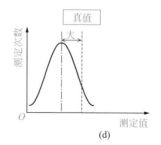

(d)

图(c)的测定值比图(d)的偏差小，所以图(c)测定值的准确度比图(d)的高。

图1.9　精密度和准确度

测量仪器的精度包含精密度和准确度两个方面，这是因为存在精密度高，而准确度未必高的情况，反之亦然。

（2） 测量仪器的灵敏度

测量仪器的灵敏度是指感应测量值变化的程度，用以表征可以测量的最小被测量的能力，可用下式表示：

$$灵敏度 = \frac{指示量的变化}{测量值的变化}$$

例如，当测量值的变化为0.05mm时，测量仪器指针的指示量变化5mm，则灵敏度为5mm/0.05mm=100。

测量仪器的灵敏度也不是越高越好。通常测量仪器的灵敏度越高，测量的范围越窄，对于来自外部的振动等干扰越敏感，在大多数场合下使用困难。提高灵敏度并不等于能进行准确的测量。

也就是说，为了进行高精度的测量，需要使用高灵敏度的测量仪器。但反之，并不成立。

（3） 测量标准的可追溯性

可追溯性在 JIS Z 8103（计量术语）中被定义为："标准器具或者测量仪器不断地通过更高的标准相互校正，建立与国家测量标准相联系的途径。"测量仪器要想确保其测量结果符合标准，必须根据国家维护和管理的标准来建立可追溯性。在日本，产业技术综合研究所等单位正在进行测量标准基本单位的制订、维护和管理。

另外，可追溯性在ISO 9000中定义为"通过记录标识，追溯对象的历史、应用情况以及所处位置的能力"，这是在制度上保证第三方可以对工厂或机构的质量管理体系进行检查，评价质量保证体系是否正常运行。例如，由于BSE（疯牛病）的牛肉、未注册的农药以及伪装标识等的影响，人们对食品的信任度下降，从而触发了人们对食品的可追溯性的认识，并且对可追溯性的关注程度也有所提高。

1-5

测量仪的组成

测量是一个大型的系统。

❶ 测量仪器由检测元件、传送元件以及接收元件组成。

❷ 测量的方法分为模拟式和数字式。

(1) 测量仪器的组成

测量仪器由检测测量值的检测元件、将测量值转换为电信号并进行传输的传送元件、接收电气信号来进行显示和记录的接收元件组成（图1.10）。

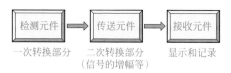

图1.10　测量仪器的组成

进行检测时，通常将温度转换为电信号或将长度转换为角度等。这种将某种度量信息转换成与其具有一定关系的其他度量信息的器具称为转换器（图1.11）。

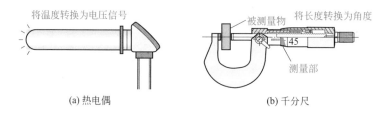

图1.11　转换器的示例

在实际生产中，大多数情况是利用各种不同的测量器具同时进行测量。在这种场合中，将测量值转换为电信号，就能构建自动控制系统，也可以节省劳动力。因此，学习测量系统时，还需要学习与之相关的电信号处理知识。

(2) 测量的方法

表示测量结果或者以信号的形式进行传输的方法有如下两种（图1.12）。

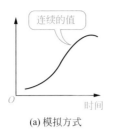 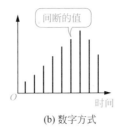

(a) 模拟方式　　　　　　(b) 数字方式

图1.12　模拟量和数字量

　　模拟方式是将测量结果用连续的物理量表示的方法。例如，在模拟回路的电话中，电信号波形用连续量表示。因为这种模拟方式是通过指针的振动等进行测量，所以，可以直观地感受波形的变化等。

　　数字方式是将测量结果用离散的物理量（通常是二进制）表示的方法。如在摩尔斯电码中通过短促的点和保持一定时间的长点的组合、在CD或DVD中通过反射光的细小坑点的长短组合，以及在FD或HDD中通过磁石的NS极的换向组合等，转换成间断的物理量。这种数字方式的特点是测量值采集容易，能够与计算机等进行连接，测定值的记录和运算以及传输等容易实现。因此，现在许多的测量采用数字方式进行。

　　另外，将模拟信号转换为数字信号的变换称为AD变换。将每隔适当的时间间隔读取图中表示的模拟量数据，然后将其变换成适当位数的数字量数据的作业称为采样（图1.13），每秒从连续信号中提取并组成离散信号的采样次数称为采样频率。另外，将数字信号转换成模拟信号的变换称为DA变换。

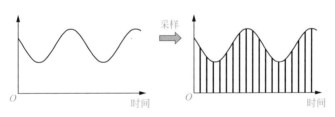

图1.13　采样

1-6

有效数字

 测量得到的数据用有效数字表示。

❶ 归纳测量数据时，有效数字的处理很重要。
❷ 能够完成测量数据的运算。

(1) 有效数字

采用各种各样的方法测量得到的数据究竟要用什么样的数值来表示呢？有效数字是这些数值表示中具有意义且可信的数字。测量的数据需要参照度量的准确度来确定有效数字的位数。有效数字包含误差首次出现的位数。

在通常的工科实验中，有效数字大约是 3 ~ 4 位，一般地，大多都是按照 3 位进行实验。另外，圆周率 $\pi = 3.14159\cdots$ 等常数要取比测量值的有效数字的位数多 1 位的值进行计算，将计算结果四舍五入。

3 位有效数字如下所示：

$$123，45.6，0.789，123 \times 10^3$$

在上述数据中，任意数值的第 3 位中都包含误差。

1.1 试回答以下的测量值所表示的范围。

① 17.5 ② 17.50 ③ 175

答案：

① $17.45 \leqslant l < 17.55$
② $17.495 \leqslant l < 17.505$
② $174.5 \leqslant l < 175.5$

1.2 试回答以下的测量值的有效数字。

① 246 ② 70.00 ③ 9.20×10^3 ④ 0.028

答案：

① 3 位 ② 4 位 ③ 3 位 ④ 2 位

（2） **测量数据的运算**

① 加减运算。测量数据的加减运算是一直计算到比误差最大的测量值的末位多1位的位置，然后四舍五入处理计算的最末位。

1.3 试计算以下数据。

① 5.63+0.572　② 3.46+5.324　③ 25+1.3　④ 1.23+5.724

答案：
① 原式 =5.63+0.572=6.202=6.20
② 原式 =3.46+5.324=8.784=8.78
③ 原式 =25+1.3 =26.3=26
④ 原式 =1.23+5.724=6.954=6.95

1.4 试计算以下数据。

① 7.65-2.134　② 8.764-4.32　③ 52-2.1　④ 7.007-0.858

答案：
① 原式 =7.65-2.134=5.516=5.52
② 原式 =8.764-4.32=4.444=4.44
③ 原式 =52-2.1=49.9=50
④ 原式 =7.007-0.858=6.149=6.15

② 乘除运算。测量数据的乘除运算是一直计算到比有效数字的位数最小的数值多1位的位置，然后进行四舍五入处理，有效位数保留到数字中位数最小的位数。

1.5 试计算以下数据。

① 1.3×21.1　② 5.73×π　③ 3.6×2.573

答案：
① 原式 =1.3×21.1=27.43=27.4
② 原式 =5.73×3.141=17.99=18.0
③ 原式 =3.6×2.573=9.2628=9.3

1.6 试计算以下数据。

① 25.4÷3.7　　② 8÷31　　③ (1.11+1.13+1.10)÷3

答案：

① 原式 =25.4÷3.7=6.86486…=6.9

② 原式 =8÷31=0.258…=0.3

③ 原式 =(1.11+1.13+1.10)÷3=1.11333…=1.11

在这里，需要注意的是只有测量数据才会涉及有效数字。例如，设定圆周率 π=3.14 并不是因为有效数字为 3 位，而是为了表示常数的近似值。实际的圆周率是 3.14159…，它是一个无理数，即无限不循环小数。

专栏

　　根据有效数字的原则进行数据的处理，将减少数字位数的处理过程称为"数据的圆整处理"或者"圆整数值"。数据的处理方法除舍去圆整、进位圆整以及四舍五入之外，还有末位数为偶数时舍去和末位数为奇数时进位等处理方法。

　　另外，数据的处理方法中有禁止进行 2 次以上取舍的原则。现举例说明这一原则：原本有 12.251 这一数据，尽管应该取舍成 12.3，但如果经过两次取舍，就有可能首先取舍成 12.25，其次取舍成 12.2。

　　因此，同一数值不可以进行 2 次以上的取舍。

习　题

1.1　试阐述 SI 单位制中的 7 种基本单位。

1.2　试用基本单位表示导出单位牛顿（N）。

1.3　试用基本单位表示导出单位焦耳（J）。

1.4　试用 10 的幂次方式表示词头 G（吉）、M（兆）、μ（微）、n（纳）。

1.5　试阐述误差和相对误差的定义。

1.6　已知发生原因和规律的误差被称为什么？另外，试将这种误差分为 3 种类型。

1.7　依据图 1.14 所示的测量值和测量次数，试进行准确度和精密度的比较。

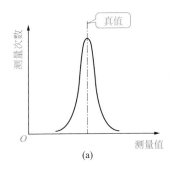
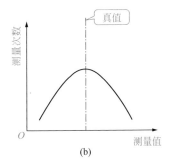

图 1.14　习题 1.7 图

1.8　试阐述灵敏度的定义。

1.9　试阐述精度和灵敏度之间的关系。

1.10　试阐述可追溯性的重要性。

1.11　试总结数字测量方法相对于模拟测量方法的几个优点。

1.12　将模拟信号转换为数字信号的过程被称为什么？

1.13　试将以下数据圆整为有效数字为3位的数据。

① 6.284　　　② 0.079132　　　③ 331.200　　　④ 147300

第 **2** 章

长度的测量

　　学习测量技术，首先需要正确地理解和掌握相关物理量的标准和单位。在本章中，我们将对产品制造的测量技术中最基本的长度标准和单位进行说明。作为实际测量的示例，我们将介绍各种各样的测量方法，有采用游标卡尺和千分尺等的机械式测量，有利用光学杠杆原理或光波干涉原理进行高精密测量的光学测量，还有在工业现场中经常使用的利用空气千分尺进行的流体测量等。另外，我们还用一个具体的示例来说明长度的测量误差。为了学习实际的测量，首先要学习长度测量。

2-1

长度的基准和单位

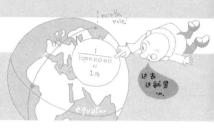

米的基准从地球的尺寸开始转变为光的速度。

（1） 长度的基准和单位

长度测量是在机械工程中进行得最多的测量。这是因为这种测量不仅包括对长度的直接测量，而且还包括对其他物理量的间接测量，如当我们测量压力或温度等物理量时，大多是利用各种相关的变换器的发展，将其变换成长度（位移），通过读取其刻度等，得到所求的相关物理量。长度的基本单位是国际单位制的基本单位所规定的米（m）。

随着时间的推移，长度的基准有如下变化。

① 以地球的尺寸为基准。

1795年，法国将米定义为基本的长度单位。这时规定子午线从地球北极到赤道之间距离的一千万分之一为1m的长度。

② 国际米制的原器（图2.1）。

1875年：签订米制公约。

1885年：日本加入米制公约，获得编号为No.22的米制原器，并以此作为长度的基准。

图2.1　国际米制的原器

这是一根用铂铱合金制成的横截面为H形的标准米尺，将其在温度为0℃时所具有的长度设定为1m。

③ 以光的波长为基准。

1960年：将氪86原子发出的各向同性的橙色光波在真空中传播的波长的1650763.73倍所具有的长度设定为1m。

④ 以光的速度为基准。

1984年：将真空中的光在 $\dfrac{1}{299792.458}$ 秒内所行进的长度设定为1m。

如上所述，长度的基准设定随时代的变化而变化，现在是以光行进的长度而设定的基准。相比之下，虽然有人会认为米制原器更加通俗易懂，但是这毕竟是人工制造的仪器，不能保证其长度绝对不变。由于光在不变性、再现性、永久性等方面具有优异的性能，所以，现在采用光的速度作为长度的基准。如此一来，无论何时何地，只要有设备，就能得到长度的基准。

但是，在实际的工厂等场所中，每次的长度测量都使用光速来进行是非常困难的。为此，可以采用各种各样的线纹长度和端面长度作为国家测量长度基准的次级基准来进行测量。

（2）线纹长度的度量和端面长度的度量

所谓线纹长度的度量仪器是指通过刻在量具表层的刻度线之间的距离来表示长度基准的测量仪器，标准刻度尺和游标卡尺等就属于这种类型的测量仪器。

所谓端面长度的度量仪器是指通过两个端面之间的距离或位置来表示长度或角度基准的测量仪器，其最具代表性的测量仪器就是量规。

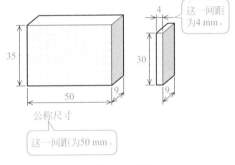

35

50

4

这一间距为4 mm。

30

9

9

公称尺寸

这一间距为50 mm。

图2.2 量规

量规是通过块状物体的端面间距来定义端面长度的度量仪器，这种工具作为具有实用性的长度测量的标准仪器而获得广泛应用（图2.2）。量块的制造材质为钢或陶瓷等，通过将厚度为0.5～100mm的各种量块进行组合就能够形成任意的长度。通常将这种测量过程称为研合（图2.3）。

量块的研合操作按照下面的步骤进行。

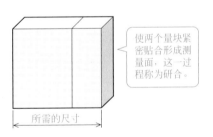

使两个量块紧密贴合形成测量面，这一过程称为研合。

所需的尺寸

图2.3 研合

① 一般先从量块尺寸小的开始选取。

② 根据所需尺寸的最小位数选取。

量块的组合原则是：在满足所需尺寸的前提下，块数越少越好。

套内103个量块的尺寸：

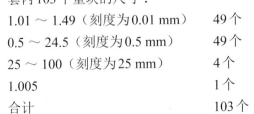

1.01～1.49（刻度为0.01 mm）	49个
0.5～24.5（刻度为0.5 mm）	49个
25～100（刻度为25 mm）	4个
1.005	1个
合计	103个

2-2

长度的测量

❶ 游标卡尺的精度是0.05mm，能够进行长度的度量。

❷ 千分尺的精度是0.01mm，能够进行长度的度量。

（1）机械式的测量

① 直尺和卷尺。

直尺通常被称为标尺，用于长度的度量或画直线时使用（图2.4）。卷尺是将度量的尺卷收在圆形的容器内，使用时直接拉出进行度量的量尺（图2.5）。

图2.4　直尺

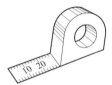

图2.5　卷尺

② 游标卡尺。

直尺和卷尺是用肉眼就能够直接读取刻度进行度量的器具，但其精度只能达到0.2mm左右。为实现高精度的测量，通常使用游标卡尺。游标卡尺是法国的几何学家约尼尔·比尔在1631年发明的（图2.6）。

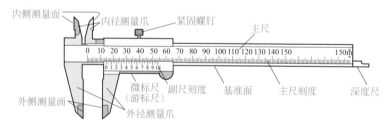

图2.6　游标卡尺

a. 游标卡尺的使用方法。

● 外径的测量（图2.7）。

使用外径测量爪的测量面夹住被测物体，读取完全吻合时的主尺和副尺的刻度。

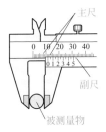

图2.7 外径的测量

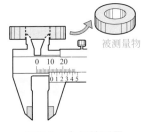

图2.8 内径的测量

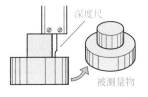

图2.9 深度的测量

- 内径的测量（图2.8）。

使用内径测量爪的测量面撑住被测物体，读取完全吻合时的主尺和副尺的刻度。

- 深度的测量（图2.9）。

将游标卡尺的末端对齐深度的测量面，将游标尺一直移动到深度尺与被测量物体的最深部吻合，读取完全吻合时的主尺和副尺的刻度。

- 台肩的测量（图2.10）。

将游标卡尺的主尺和游标尺的前部侧面分别贴紧到被测量物的台肩面，读取完全吻合时的主尺和副尺的刻度。

b. 游标卡尺的工作原理。

游标卡尺是由主尺和副尺（游标尺）组合而成，可以测量的尺寸精度达到0.05mm，其副尺实际上就是将主尺的19个刻度（19mm）平均分成20等份。如此一来，副尺的1个刻度就成为了19/20 = 0.95(mm)，这就能够读取到主尺和副尺的刻度差为0.05mm（1mm − 0.95mm）的数值。

c. 刻度的读法（图2.11）。

- 读出游标卡尺的主尺在副尺刻度的"0"位置左上侧的刻度。它决定了头两位数字，在图2.11中为52mm。

- 读出游标卡尺的主尺和副尺的刻度完全重合时副尺的数字。在图2.11中为0.35mm。

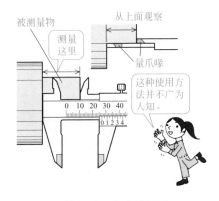

图2.10 台肩的测量

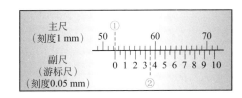

当游标卡尺的副尺刻度为0.05mm时，小数点后的第二位为0或5。即使是取0的场合，意味着从游标尺上读到的数是0，也要正确地用0表示。

图2.11 刻度的读法

● 累加上述两个步骤读取的数值，这就是测量值。

在图2.11中，测量值是52+0.35=52.35（mm）。

 2.1 试读出图2.12和图2.13所示的游标卡尺的刻度。

①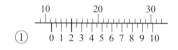

②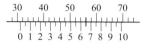

图2.12　刻度1　　　　　　　　图2.13　刻度2

解：

① 由图2.12可知：

a. 游标卡尺副尺的零刻度线左上侧的主尺刻度为11mm。

b. 在主尺和副尺的刻度线重合位置，读取的副尺刻度为0.20mm。

c. 两读数的和为11+0.20=11.20（mm）。

② 由图2.13可知：

a. 方法同上，刻度为30mm。

b. 方法同上，刻度为0.65mm。

c. 两读数的和为30+0.65=30.65（mm）。

专栏　英寸 ···

　　SI制的长度单位虽然是米（m）制单位，但世界上除此之外，还有其他的长度单位。即使是在采用米制单位的日本，因为制造的原因或为保持零部件的互换性，对来自美国的产品的标注依然会使用英寸单位。

　　英寸（inch）是英制单位中的长度单位，据说这一尺寸是根据身体建立的单位，起源于男性拇指的宽度（图2.14）。在古罗马，英寸是与英尺相关的尺寸，将1英寸定义为1英尺的 $\frac{1}{12}$。现在，规定1英寸=0.0254米（2.54厘米）。另外，英尺（feet）大约相当于1米的 $\frac{1}{3}$，现在精确地规定1英尺等于0.3048米。

1英寸

英寸起源于
拇指的宽度。

图2.14　英寸

我们日常能见到的使用英寸单位制的产品有以下几种。另外，由于商业法规定英寸单位制的标注符号不能用于商业交易，所以通常用所采用的类型来表示。如果将英制单位换算成米制单位的话，就有如下所示的表示。

- 3.5英寸的软盘表示磁盘介质的直径是3.5英寸。

$$3.5 \times 2.54 = 8.89 （cm）$$

- 15英寸的电脑显示器表示显示屏的对角长度尺寸是15英寸。

$$15 \times 2.54 = 38.1 （cm）$$

- 20英寸的自行车表示自行车轮胎的轮毂直径是20英寸。

$$20 \times 2.54 = 50.8 （cm）$$

- 30英寸的牛仔裤表示腰围的长度是30英寸。

$$30 \times 2.54 = 76.2 （cm）$$

③ 千分尺。

千分尺是利用螺纹将直线位移的变化转变为转动角度的仪器，通过放大进行长度测量（图2.15、图2.16）。由于螺纹的螺距是0.5mm，而微分筒的刻度是50等份，所以微分筒的1刻度就等于0.5×1/50=0.01（cm）。另外，因为每次测量时的压力会因人而异，为了使测量的压力保持不变，所以会配置能保证施加固定压力的棘轮止停机构。

千分尺的测量精度高于游标卡尺，但常用的千分尺的测量范围小于游标卡尺的测量范围。

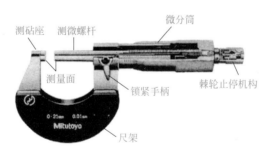

图2.15　千分尺

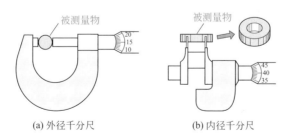

(a) 外径千分尺　　　　(b) 内径千分尺

图2.16　外径千分尺和内径千分尺

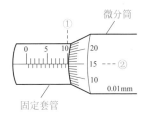

图2.17 刻度的读法

a. 千分尺的使用方法。

对圆柱或者球体的直径进行测量时，由于通过边缘部位的接触进行测量会出现测量误差，所以应使测砧座和测微螺杆的测量面的中心位置与被测量物接触进行测量。

b. 刻度的读法（图2.17）。

● 先读出没有被微分筒遮挡住的固定套管上露出刻度线的整毫米数或半毫米数。在图2.17所示的情况下，读取的值为10.0mm。

● 观察微分筒与固定套管的基准轴线对齐的刻度线，读出不足半毫米的小数部分的值。在图2.17所示的情况下，读取的值为0.15mm。

● 测量值就是上述两个步骤读取的数值之和。在这里，测量值为10.0+0.15=10.15（mm）。

另外，固定套管的刻度线以0.5mm为单位。注意不要发生错误。

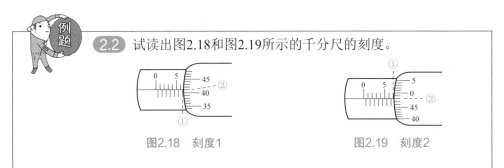

例题 2.2 试读出图2.18和图2.19所示的千分尺的刻度。

图2.18 刻度1　　　　图2.19 刻度2

解：

① 由图2.18可知：
固定套管露出的刻度读数：6.5mm
微分筒刻度读数：0.41mm
千分尺刻度：6.5+0.41=6.91（mm）

② 由图2.19可知：
固定套管露出的刻度读数：7.0mm
微分筒刻度读数：0.48mm
千分尺刻度：7.0+0.48=7.48（mm）

因为微分筒的刻度只有0～0.50mm，所以0.51～0.99mm的值是通过固定套管露出的刻度读到的0.50mm加上微分筒的刻度读数得出的。

④ 百分表。

百分表是利用齿轮机构将直线位移转变为角度并进行放大的测量仪器，测量精度可以达到0.01mm（图2.20）。这种测量仪器用于测量加工零件相对于基准点的尺寸，或者确定位置等。最大的测量范围是5mm或10mm左右，也被称为千分尺（测微计）。

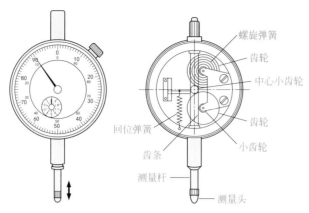

螺旋弹簧
齿轮
中心小齿轮
齿轮
小齿轮
回位弹簧
齿条
测量杆
测量头

如果指针旋转1圈的话，小指针就相应转动，它表示回转的圈数。

(a) 正面　　　　　(b) 内部结构

图2.20　百分表的构成

百分表的使用方法如下。

百分表是不能单独使用的，需要装夹在百分表架上使用（图2.21）。测量方法是将测量头压向被测量物的基准面，并将此刻的数值设为零，然后将测量头压向被测量物，读出这时的测量刻度。

通常情况下，百分表用于以底座为基准面的测量（图2.22）或者相互比较的测量（图2.23）。

⑤ 高度尺。

高度尺是一种形状像游标卡尺而立起来的测量仪器，用于测量和检查放置在平台上的工件高度，或者在工件上标记精准的平行线（图2.24）。通常在刻度部位配备放大镜，可以读取到1/50 mm的数值。

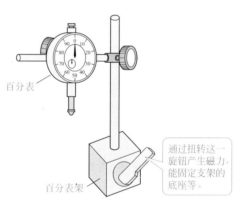

百分表

通过扭转这一旋钮产生磁力，能固定支架的底座等。

百分表架

图2.21　百分表的使用方法

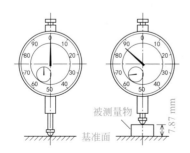

被测量物

基准面

7.87 mm

图2.22　以底座为基准面的测量

测定范围为10mm的百分表只能测量比其范围小的高度。

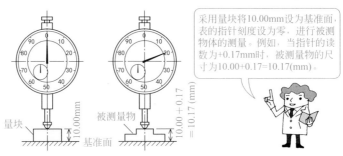

采用量块将10.00mm设为基准面，表的指针刻度设为零，进行被测物体的测量。例如，当指针的读数为+0.17mm时，被测量物的尺寸为10.00+0.17=10.17(mm)。

图2.23　相互比较的测量

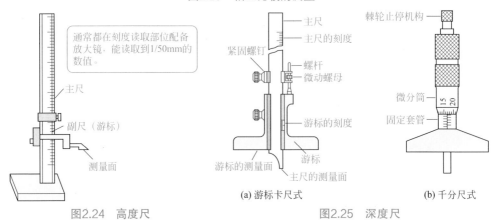

通常都在刻度读取部位配备放大镜，能读取到1/50mm的数值。

图2.24　高度尺

(a) 游标卡尺式　　　　(b) 千分尺式

图2.25　深度尺

⑥ 深度尺。

深度尺是用来测量孔深或槽深的测量仪器，刻度的读取方法与游标卡尺或千分尺的读取方法相同（图2.25）。

(2)　光学测量

光学测量具有可动部件较少而重量较轻、能够将微小的测量结果进行放大等特点。由于应用投影技术的光学测量难以在明亮的屋内进行，所以这种测量主要用在精密的测量室内，作为工具或检查精密零部件时使用。

① 光学杠杆。

光学杠杆是将杠杆的运动转换为光线的运动，利用光线的反射将微小的位移进行放大的光学装置。利用这一原理的测量仪器就是光学比较仪（图2.26）。光学比较仪是将主轴的位移变化转换为反射镜的转角变化，使光在刻有标尺的玻璃片上成影，通过目镜读出玻璃片上的影像的刻度值。如设测量头的位移为x，这时反射镜的转角为θ，则反射光的变化角度就是2θ，

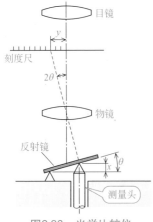

图2.26　光学比较仪

并投射到刻度尺上。

自准直仪也是一种利用光学杠杆原理的测量仪器（图2.27）。光源发出的光通过透镜和玻璃刻度板，被半透明的分光镜反射和透射，射向物镜的光通过物镜后被反射镜反射，按照原路返回。由于返回的反射光在刻度分划板上成像，所以在有刻度划分的板上可以读取反射光的像偏离分光镜透射光成像的距离。这种自准直仪被广泛地应用于机床和工作台等的直线度、平面度以及微小角度等的精密测量。

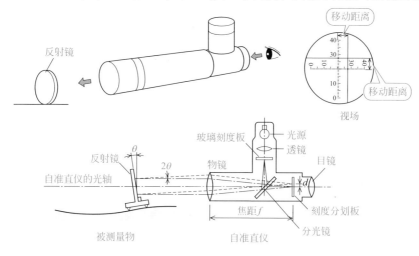

图2.27　自准直仪的构成和工作原理

② 光波的干涉。

光波干涉是指从光源发出的光分成两路及以上的光线，分别通过不同的光路并再次相遇时，光线由于光路的距离差而变得明亮或暗淡，出现干涉的条纹（图2.28）。

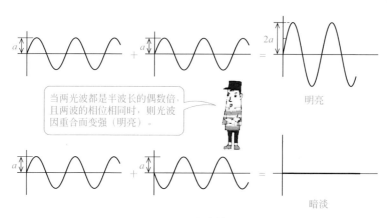

当两光波都是半波长的偶数倍，且两波的相位相同时，则光波因重合而变强（明亮）。

图2.28　光波的干涉

光波干涉仪是通过分析这种干涉条纹，来获得被测量物体的表面形状和平面度的一种测量仪器。

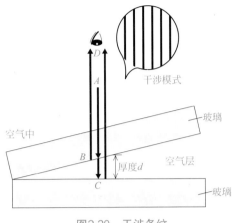

图2.29 干涉条纹

a. 基于光波干涉的间隙测量（图2.29）。

当光源 A 发出的单色光在箭头所指的方向沿着 AB 线行进时，其中的一部分光在 B 点被反射，沿着 BD 线行进，另一部分光通过 B 点，在 C 点被反射，沿着 CD 线行进。在这种情况下，设空气层的厚度为 d，则 C 点的反射光比 B 点的反射光多行进的距离为 $2d$。

在这种情况下，由于发生了反相位干涉，所以，当设 n 为整数、波长为 λ 时，干涉条纹的明暗有如下的计算式：

明纹：$2d = \left(n + \dfrac{1}{2}\right)\lambda$

暗纹：$2d = n\lambda$

因此，已知干涉条纹的条数 n，就能测量出间隙 d。

b. 基于光波干涉的平面度测量。

利用光波干涉原理的光学平板能够测量量块或千分尺的测量面的平面度（图2.30）。

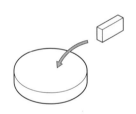

图2.30 光学平板

从上面观察

(a) 无异常⇒平面

(b) 有异常⇒有凹凸

图2.31 条纹的形状

例如，将清洗干净的量块轻轻地放置在光学平板上，然后观察干涉条纹的状态。

● 如果出现平行干涉条纹，就表示无异常，即测量的表面是平面 [图2.31（a）]。

● 如果测量面的干涉条纹出现弯曲现象，就表示有异常。即测量的表面是凹凸的 [图2.31（b）]。

我们再举另外的示例来进行说明。如图2.32所示，将光学平板轻轻地贴紧在已经清洗干净的千分尺的测量面上，然后检查干涉条纹的状态。

● 如果出现平行的干涉条纹，表示无异常。即测量面是平面 [图2.33（a）]。

● 如果干涉条纹向外侧偏移，表示是凸面；如果向内侧偏移，表示是凹面 [图2.33（b）和（c）]。

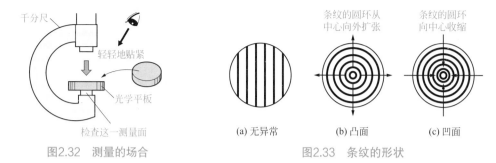

图2.32 测量的场合

(a) 无异常　　(b) 凸面　　(c) 凹面

图2.33 条纹的形状

由于光波干涉仪通常都是以激光作为光源，所以，在这里进行激光的概述和归纳。

激光采用英文名称（Light Amplification by Stimulated Emission of Radiation）的词首表示，是LASER，表示"辐射光通过受激而放大"。简单地说，激光的光幅能够如电信号一样扩大增强。

激光的历史可追溯到1916年。爱因斯坦在1916年发表受激发射理论，指出了激光出现的可能性。在此之后，爱因斯坦虽然进行了各种实验，但都没有取得成功，而西奥多·梅曼在1960年实现的激光振荡实际上是世界上最早取得成功的激光实验。梅曼的方案是采用高强闪光灯管激发红宝石晶体发出激光。在此之后，人们观察到了各种各样的物体受激发出的激光。

与来自其他光源的光相比，激光在方向性和相干性方面具有格外突出的优点，所以在精密测量的场合通常都使用激光（图2.34）。

(a) 普通光　　　　　　(b) 激光

图2.34 普通光和激光

③ 激光的工作原理。

激光的产生主要经历以下四个阶段。

a. 受激吸收的状态。

原子或分子等都带有某种特定的能量进行运动。当这些原子或分子从外部吸收能量之后，就跃迁到与此能量相对应的较高能级进行运动。

b. 自发辐射的状态。

这些原子或分子受到激发后进入激发态不久，就会释放多余的能量，返回到原来能量的状态。从高能级激发态向低能级基态跃迁会释放出多余的能量，这种能量能够成为光向外部放出。

c. 受激辐射的状态。

当这种光和其他具有高能量的原子或分子碰撞时，也会从高能级跃迁回低能级，同时释放与激发光子相同性质的光。

d. 光强增幅的状态。

通常由于具有高能量的原子或分子的数量很少，所以释放的光强非常微弱。但是，如果能增加具有高能量的原子或分子数量的话，受激辐射就会如雪崩现象一样出现，能够释放强烈的光。另外，当在光的两端设置反光镜，使释放的光线重复进行反射时，光线就会在特定的方向上增幅，进而增加光的强度。

④ 基于激光的测量。

利用激光干涉进行长度测量就是以激光为光源，并利用干涉现象，通过计数刻度尺上的干涉条纹的数量来测量被测物体长度。为获得可干涉的距离和频率稳定的光源，采用波长稳定的氦氖激光（He-Ne激光）（图2.35）。因为这是非接触式的高精度测量，所以不仅能应用在研究领域，而且已成为生产现场必不可少的测量工具。

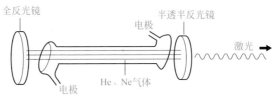

图2.35　氦氖激光

⑤ 基于迈克尔逊干涉仪的长度测量。

如图2.36所示，从光源发出的光经过平行光管透镜后变成平行光，利用分光

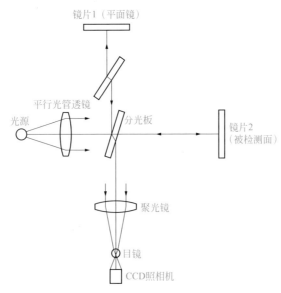

图2.36　采用迈克尔逊干涉仪的长度测量

板的反射和透射，将来自光源的一束光波分成两路光波。被分成两路的光波分别在镜片1处和镜片2处被反射，两路光波都沿着原有的光路逆行并在分光板处重合，通过CCD相机检测干涉条纹的图像。如果将其中的镜片（镜片1）置换为进行高精度研磨的平面（设为基准面），而另外的镜片（镜片2）置换为被检测面，则能够测量被检测面的形状。

利用光的干涉和衍射原理再现物体真实的三维图像的全息投影技术可以应用在物体的变形测量等方面。

利用激光的测量方法被广泛应用在长度、位置、振动、角度、速度、外观、形状以及粗糙度等的检测中。

（3）流体的测量

空气是流体的一种，而气动量仪是利用高压空气进行长度测量的一种仪器。这种测量仪由于运动的部件非常少，所以具有反应速度快、放大倍数大以及能够连续测量等特点。因此，广泛应用于生产现场的测量和检查、质量管理等过程中的精密测量。

① 流量式气动量仪。

流量式气动量仪的工作原理是使具有恒定压力的空气通过带有浮标的锥形管道，从微细的缝隙流出到大气中。在这种情况下，将从喷嘴流出的空气量的变化转换为锥形管道中浮标的高度变化（图2.37）。当缝隙 x 比较大时，流量 Q 和喷嘴的横截面积 $\pi d^2/4$ 成正比，是与 x 没有关系的常数值；当 x 在 $0.015 \sim 0.2$mm 范围内时，流量 Q 和 πdx 成正比；如果设喷嘴的直径 d 为固定值，流量 Q 就与 x 成正比（图2.38）。

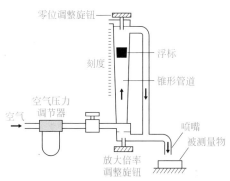

图2.37　流量式气动量仪

② 背压式气动量仪。

背压式气动量仪是通过气体流经喷嘴的流量变化来测量管路中的空气背压的一种测量仪器（图2.39）。

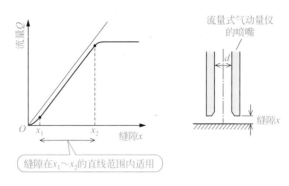

图2.38　流量与缝隙之间的关系

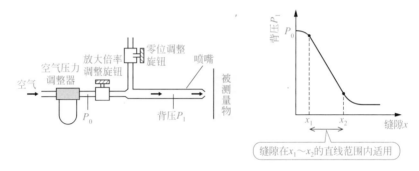

图2.39　背压式气动量仪

　　在进行大规模小尺寸零件生产的工厂，要测量这些零件的尺寸是否在特定的范围内，通常要进行零件的检查。我们没有必要使用游标卡尺来测量每一个零件的尺寸，并进行零件尺寸刻度的读取。可以采用流量式气动量仪（图2.40）进行测量，由于只需要使零件通过就能够判断零件的尺寸是否在特定范围内，所以，在这种情况下采用流量式气动量仪进行测量是非常方便的。

图2.40　流量式气动量仪

(4) 电量的测量

通常，大多数的长度测量都是将测得的数据变换为电流或电压等电信号。电量的测量具有能够进行高灵敏度的测量、可以使用计算机记录测量数据和运算容易等特点。另外，还具有诸如容易采用自动控制等优点。

① 基于电阻的变换。

导线的电阻 R（Ω）与其横截面积 A（m²）成反比，并与其长度 l（m）成正比。如果引入导线的电阻率 ρ（Ω·m），那么电阻与导线的横截面积和长度之间的关系就能够用下式表示：

$$R = \rho \frac{l}{A}$$

滑线变阻器的工作原理是通过滑动来改变接入电路部分的电阻线的长度，使电阻发生变化（图2.41）。而发生这种变化的电阻值能够用长度或角度表示。

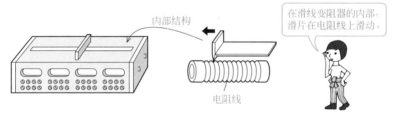

内部结构

电阻线

在滑线变阻器的内部，滑片在电阻线上滑动。

图2.41 滑线变阻器

电位器是利用滑线变阻器构造的仪器。如图2.42所示，AB 是滑线变阻器，导线的接触点 P 在 AB 上移动。在这时，AP 间的电阻值能够准确测量。E 是向 AB 提供稳定电流的电源，E_0 是电压已知的标准电池，G 是电流计。将开关 S 在 C 点闭合，移动接触点 P，使电流计中无电流，假设这种情况下的 AP 之间的电阻值为 R_0。

然后，将开关 S 在 D 点闭合，移动接触点 P，再次使电流计中无电流，假设这种情况下 AP 之间的电阻值为 R。

当电流计 G 中无电流时，AP 间电阻的电压等于被开关 S 接入电路的电池的电压，因此如果设 AB 之间流动的电流为 I，就有下式成立：

$$R_0 I = E \quad\quad\quad RI = E_1$$

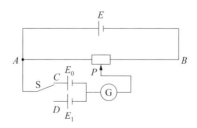

图2.42 电位器的回路

由上述的两个方程式就可以得到 $E_1=R/R_0E$，它能够准确地测量 E_1 值。这也就是说，所谓的电流计是一种不让电流流入电池的精密的测量电池电压的仪器。

电阻应变仪是将导体或半导体受力产生的应变转换为电阻而进行测量的仪器。在第3章力的测量中，会对电阻应变仪的详细内容进行说明。

② 基于电感的变换。

当电流在导线中流动时，通过右手螺旋定则，会产生与电流方向相应的右旋磁力线。在这种情况下，磁通量会沿着与导体交叉的方向变化，并且在导体中感应出电动势。为了感应出这种电磁作用，将导线一圈一圈地缠绕制成线圈，电磁感应效果的大小取决于导线的圈数和线圈尺寸。这种感应系数称为电感系数。

当电流在导体中流动时，根据楞次定律，在阻碍磁通量变化的方向上会产生感应电动势。这时的感应系数被称为自感系数，它所起的作用是阻碍电流的流动。

当有两个线圈（如变压器）时，一个线圈的电流发生变化，另一个线圈就会产生感应电动势，这种现象称为互感现象，这时的感应系数称为互感系数。

感应系数的单位是H（亨利），1H是指电感电动势的大小，表示电路中的电流每秒变化1A时，线圈产生的自感电动势是1V。自感电动势 U 与流入线圈的电流的变化率 $\Delta I/\Delta t$ 成正比，因此，假设比例系数为 L 的话，就可以用下式表示这一关系。公式中的负号表示自感电动势的方向是阻碍电流变化的方向。

$$U = -L\frac{\Delta I}{\Delta t}$$

改变感应系数的装置有铁芯可动式和差动变压式两种类型。

铁芯可动式是通过移动线圈内的铁芯使感应系数变化的仪器（图2.43）。

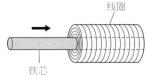

图2.43 铁芯可动式

差动变压式是将3个线圈并列，当交流电压加在初级线圈上时，除去作用在2个次级线圈上的自感之外，要使作用在2个次级线圈上的互感发生变化，以使次级线圈上的感应电动势的差值相应改变。

差动变压式传感器（图2.44）就是利用这一原理制成的仪器，测量精度能达到0.5～2.0μm。测量机构将被测量物的机械位移转换为测量头的移动，内置的差动变压器将移动转换为电量的测量。

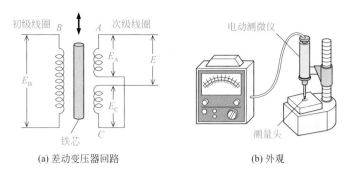

初级线圈 次级线圈 电动测微仪

E_A E

E_B

E_C

铁芯 测量头

(a) 差动变压器回路   (b) 外观

图2.44 差动变压式电感传感器

因为变压器可以很容易地实现电压的升降，所以变压器被广泛地使用。我们日常生活中大多使用交流电，就是因为变压器的作用。

2-3

长度的测量误差

有因为视觉的差异而造成的误差。

———————————————————————————— 测量的标准温度是20℃。

❶ 金属会随着温度变化出现伸缩，所以，会有热膨胀造成的误差。
❷ 弹性形变或滞后现象等也会造成误差。

(1) 热膨胀造成的误差

标准尺或被测量物的组成材料（主要是金属成分）会随温度的变化而发生微小的伸缩。因此，标准规定测量要在标准温度为20℃的恒温室中进行。无论是何种原因，当测量标尺或被测量物的温度不在标准温度时，都要使用下式进行修正：

$$l_s \approx \frac{l}{1 + \alpha_s (t_s - t_0) - \alpha (t - t_0)}$$

式中　　α_s——标准尺的线胀系数，℃$^{-1}$；

　　　　α——被测量物的线胀系数，℃$^{-1}$；

　　　　t_0——标准温度（20℃、23℃、25℃等）；

　　　　l——当温度为t时被测量物的长度；

　　　　t_s——标准尺的温度，℃；

　　　　t——被测量物的温度，℃。

即使是不在标准温度下进行的测量，只要材料的线胀系数相等，在同一温度下进行测量就不会因温度而产生误差。因此，测量仪器上所配置的标尺要尽可能地选择与被测量物的线胀系数相同的材料。

钢的线胀系数为$\alpha = 11.5 \times 10^{-6}$℃$^{-1}$，当温度上升1℃时，1m的钢会伸长11.5μm。

(2) 弹性形变造成的误差

制作成标准刻度的材料或被测量物的材料（主要是金属）会因为弹性形变而产生微小的伸缩。按照测量头和被测量物的接触面积以及压力的不同，可以将测量压力造成的变形分为如下几类（图2.45）。

①接触应变。

当用平滑的测量平面夹紧球面的测量物进行测量时，由于是点接触，所以即使测量的压力很小，也会有较大的压力作用在被测量物体上，在接触的两面都会产生局部的弹性应变，使两测量平面相互靠近。需要注意的是，下面的公式适合使用的材料是钢。

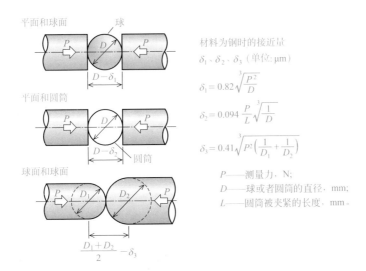

平面和球面　　球

材料为钢时的接近量
δ_1、δ_2、δ_3（单位：μm）

$$\delta_1 = 0.82\sqrt[3]{\dfrac{P^2}{D}}$$

平面和圆筒

$$\delta_2 = 0.094\dfrac{P}{L}\sqrt[3]{\dfrac{1}{D}}$$

$$\delta_3 = 0.41\sqrt[3]{P^2\left(\dfrac{1}{D_1}+\dfrac{1}{D_2}\right)}$$

球面和球面

P——测量力，N；
D——球或者圆筒的直径，mm；
L——圆筒被夹紧的长度，mm。

图2.45　接近量

…
② 自身重力造成的变形。

当用2点支撑棒状的物体时，物体就会出现弯曲。改善这种弯曲现象的有效支撑方法有如下2种。

a. 贝塞尔点。

贝塞尔点是指在如标尺这样的线刻度标准器上，当在中性面上支撑带有刻度的线刻度器时，全长在中性面内的弯曲误差量最小的支撑点位置（图2.46）。国际米制原器的支撑中也是采用贝塞尔点。

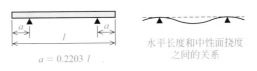

$a = 0.2203\ l$

水平长度和中性面挠度之间的关系

图2.46　贝塞尔点

b. 艾力支撑点。

艾力支撑点是指在如量块这样的两端平行的物体上，当水平放置的物体被支撑时，物体在重力的作用下，两端面仍能保持平行状态的支撑点位置（图2.47）。艾力支撑点适用于较长量块的支撑等。

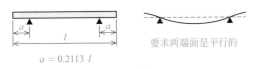

$a = 0.2113\ l$

要求两端面是平行的

图2.47　艾力支撑点

c. 滞后偏差。

滞后偏差是指应变量Y相对于自变量X发生变化，自变量X增大时Y和X之间的关系与自变量X减小时Y和X之间的关系存在的差值。

表示这种滞后偏差的曲线称为迟滞回线（图2.48）。

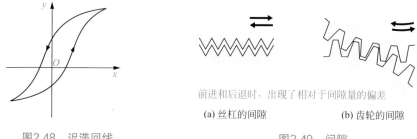

图2.48　迟滞回线

前进和后退时，出现了相对于间隙量的偏差

(a) 丝杠的间隙　　　　(b) 齿轮的间隙

图2.49　间隙

当车床进给手柄等采用丝杠或齿轮进行进给时，啮合间隙就会使进给和后退之间出现间隙（图2.49）。这是正向运转/反向运转都处在同一位置时所出现的输出差的特性，属于滞后偏差的示例。

当两个物体相互接触并出现滑动时产生的摩擦称为滑动摩擦。为了使静止的物体运动，需要比滑动摩擦力更大的力，因此会出现滞后偏差。由于最理想的效果是用较小的驱动力使测量仪器可靠地运动，所以需要减少滞后偏差，通常采用刃形支撑和枢轴轴承（宝石轴承）等（图2.50）。

(a) 刃形支撑　　　　(b) 枢轴轴承

图2.50　支撑结构的类型

量筒或液体压力计

图2.51　视觉差

d. 视觉差。

视觉差是指因为眼睛所处的位置不同而造成的读出的数与实际量值的误差（图2.51）。当采用量筒或液体压力计测量液位高度时，眼睛要与液体处在同一水平面上进行读数。

当测量的液体为水时，会观察到水面的边缘部位存在因表面张力作用而上升的现象，但是在测量过程中，要忽视边缘部位的现象，只看中心部位的液位。

习题

2.1 试阐述米制基准从国际米制原器更改为光速基准的原因。

2.2 试说明通过表面刻度线之间的距离表示长度基准的仪器、通过两端面之间的距离或位置表示长度基准的仪器分别属于何种测量仪器。

2.3 试用本书第2-1节所示的具有103个量块的量块套装研合出18.725mm的尺寸。

2.4 通过使主尺和副尺的刻度线重合读取刻度的具有代表性的长度测量仪器是什么？

2.5 利用螺旋机构将直线位移转换为旋转角度进行刻度读取的长度测量仪器是什么？

2.6 试回答基于光波干涉测量平面度的测量仪器是什么。

2.7 试总结激光发生的四个阶段。

2.8 试简述在长度的光学测量中通常使用激光的原因。

2.9 试述在现场测量、检查以及质量检验等精密测量中使用的具有代表性的流体测量仪器是什么。

2.10 规定中进行测量的标准温度是多少？

2.11 为了消除接触应变的影响，要采取什么措施？

2.12 试阐述贝塞尔点和艾力支撑点分别是什么点。

2.13 试举例说明滞后偏差是什么。

2.14 试从图2.52所示的1～3中选出不会发生视差的液体压力计刻度的正确读法。

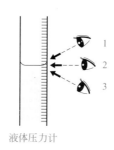

液体压力计

图2.52 习题2.14图

第 **3** 章

质量和力的测量

　　在分析物体运动的机械工程领域，根据物体的质量以及运动，测量作用力是非常重要的。在这种情况下，首先要做的就是正确地理解质量和力的不同之处。在本章中，我们将学习在实际测量中如何正确地使用天平、秤以及应变仪。另外，还要学习与之相关的动力。

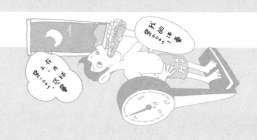

3-1

质量和力的基准与单位

质量和力看似相同，但却是完全不同的。

❶ 质量的基准是由国际千克原器定义的，单位是kg（千克）。

❷ 力的单位是N（牛顿）。

(1) 质量的基准和单位

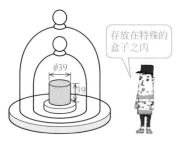

存放在特殊的盒子之内

图3.1　国际千克原器

所谓质量是指物体本身所具有的物质的量的量度，被定义为当力作用于物体并使其移动时，因物体的惯性产生抵抗程度的度量。质量的基本单位是kg（千克）。

在SI单位制中，1N的定义是使1kg的物体产生$1m/s^2$的加速度的力的大小。

1889年，质量的基准由以前的"蒸馏水在边长为10cm的立方体内的密度最大时的质量"变更为国际千克原器（图3.1）。国际千克原器是采用90%铂和10%铱的铂铱合金制造的直径和高度都是39 mm的圆柱体。目前，质量是唯一采用人造物体定义的单位。另外，质量也是唯一一个带有k这一词头的SI单位。

日本的千克原器是序号为No.6的千克原器，为保证千克原器质量值的准确性，每隔数十年就会将其与国际度量衡局保管的国际千克原器进行对比。1991年，与国际千克原器对比时发现，日本保有的千克原器的质量在100年中大约有7μg（大约相当于1mm长的头发的质量）的微小变化量。日本的千克原器被保存在经济产业省的计量研究所中。

现在，其他的SI单位都已经使用光等通用物理量进行了重新定义。与之相比，千克还是基于人造物体进行定义的单位。为此，目前提出了基于普朗克常量重新定义千克的方案。

（2） 力的基准和单位

力的基本单位是N（牛顿）。1N是指使质量为1kg的物体产生1m/s²加速度的力的大小。另外，力和重量（kg重）之间的关系可以用下式表示：

$$1N=1kg \cdot m/s^2 \qquad 1kg重=9.80665N$$

重量表示地球和物体之间存在的引力大小，因此，在地球的不同地点，重量的数值不同。国际协定的基准值有如下规定：

$$g=9.80665m/s^2$$

另外，地点不同，重力加速度也不同，其差异如下所示：

札幌9.805m/s²　　　　仙台9.801m/s²　　　　东京9.798m/s²

3.1 质量为60kg的人分别在东京和札幌（图3.2）进行体重测量。试求解其重量分别是多少牛顿。

图3.2　日本地图

解：
因为重量=质量×重力加速度，所以有
在东京，重量60（kg重）=9.798×60=587.9（N）
在札幌，重量60（kg重）=9.805×60=588.3（N）

这样一来，即使质量都为60kg，也要考虑因为地点不同而引起的重力加速度不同，用N（牛顿）表示时，就会得到不同的值。我认为体重的测量没有必要那么精确，但是在科学研究的精密测量中，由于这种误差会产生影响，所以精密测量的单位最好不使用kg重。另外请注意，因为月球上的重力加速度大约是地球上重力加速度的$\frac{1}{6}$，所以，月球上1kg重=1×1/6kg重=0.167kg重=1.63N。还有，当作用于物体的重力为重力加速度$g=9.80665m/s^2$的数倍时，有时会用G来表示。例如，当F1赛车手在弯道转弯时，可以说他承受的重力为（4～5）G。

3-2

质量的测量

 如果进行测量，天平与秤哪一个更准确？

❶ 天平比弹簧秤的精度更高，能用于质量的测量。
❷ 工业用秤的精度高，能用于自动测量。

(1) 质量的测量方法

测量质量的主要方法大致可以分为两种。一种是使用砝码等，通过直接比较被测量物的质量与已知质量，使两者之间的差值为零的零位法［图3.3（a）］。另一种是将质量变换为与之成比例的其他物理量，由此，间接地比较的偏位法［图3.3（b）］。

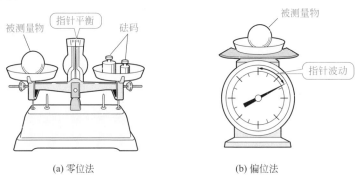

(a) 零位法　　　　　　　　(b) 偏位法

图3.3　质量的测量

(2) 天平秤

天平秤是通过使被测量物和砝码平衡，直接测量出质量的仪器，天平秤是各种秤中精度最高的仪器（图3.4）。天平秤的历史悠久，是古代就已存在的量具。虽然天平秤的结构非常简单，但它的精度非常高，因此，在现代精密测量的常规场合都使用天平秤。

由于天平秤需要不断地更换砝码来确保平衡，所以无论如何测量都需要花费一定的时间。这是天平秤无法避免的缺点。

当使用天平秤进行精密测量时，通常采用能消除误差的复秤法，即交换被测量物和砝码的位置，进行两次称量的测量方法。

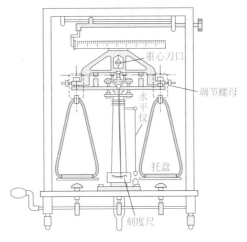

重心刀口

调节螺母

水平仪

托盘

刻度尺

图3.4　天平秤

接下来，我们将介绍如何使用天平秤进行测量。

在如图3.5所示的左托盘上，放置质量为M的物体，当质量为M的物体与质量为M_1的砝码处于平衡状态时，有下式成立：

$$Mgl_1 = M_1gl_2$$

其次，在右边的托盘放置物体，当质量为M的物体与质量为M_2的砝码处于平衡状态时，有下式成立：

$$M_2gl_1 = Mgl_2$$

因此，由上述的两式可以得到：

$$M = \sqrt{M_1M_2}$$

由此可知，当M_1和M_2的差值很小时，有下式成立：

$$\sqrt{M_1M_2} = \sqrt{\left(\frac{M_1+M_2}{2}\right)^2 - \left(\frac{M_1-M_2}{2}\right)^2} \approx \frac{M_1+M_2}{2}$$

由此，可以设$M=(M_1+M_2)/2$。

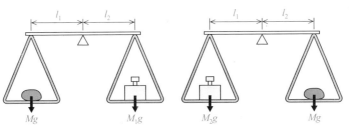

图3.5　复秤法

台秤是组合了V字形和Y字形的杠杆来进行测量的器具（图3.6）。汽车衡（图3.7）属于大型测量器具，可以直接测量装有货物的卡车等的重量。当然，这不是通过使卡车与相同质量的物体处于平衡状态的测量，而是通过多级组合的不等臂的杠杆机构来实现用较轻的重物衡量较重的被测量物。

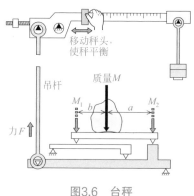

图3.6　台秤

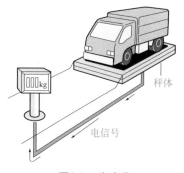

图3.7　汽车衡

弹簧秤是利用弹簧将被测量物的质量转换为因重力作用所产生的位移进行测量的器具（图3.8）。因为重力加速度的量值会因为地点的不同而发生变化，所以严谨地说，弹簧秤的刻度表示的是重量而不是质量。

这也就是说，在重力加速度的量值为$g=9.80665m/s^2$的场所，重量的量值与质量相等，但在重力加速度的量值与基准不同的场所，重力加速度为基准量值的$g/9.80665$倍，这一数值会因场所的不同而不同。因此，弹簧秤的准确度就没有天平秤的准确度高。

図3.8　弹簧秤

克拉是表示钻石等宝石质量的单位，1克拉等于200mg。为确保能够进行精确的测量，钻石市场上一直都是使用天平秤，而不是使用弹簧秤。

虽然弹簧秤的准确度没有天平秤的准确度高，但是在不需要进行高精度测量的场合中，因为弹簧秤具有轻巧与便捷的特点，所以在通常的场合多使用弹簧秤。

上托盘式弹簧秤是通过放置在托盘上的荷重给弹簧施加压力使其被压缩，并将压缩变形转变为指针摆动的测量仪器（图3.9）。

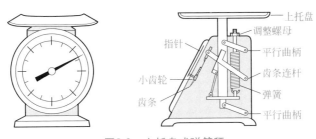

图3.9　上托盘式弹簧秤

⑤ 工业用秤

皮带秤是安装在输送带上的秤，用于测量输送过程中的原料等的载荷，可以进行自动测量（图3.10）。通过AD转换，能够快速捕捉原料流动极其细微的变化，能够按照用途进行各种不同的配置。皮带秤被广泛应用在钢铁、化工、食品、环境、再生利用等领域。

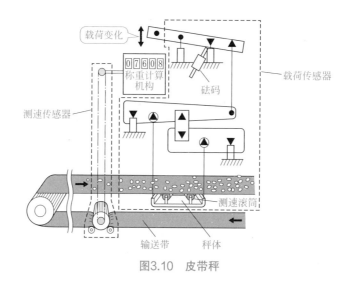

图3.10　皮带秤

　　料斗秤是对装有粉状或颗粒状原料等的容器所承受的载荷进行测量，并且这种测量能自动进行（图3.11）。如此这般，采用的工业用秤不仅要保证测量的精度，而且要能进行自动测量。另外，这种自动测量的功能不仅要能够在机械式料斗秤上使用，而且通常还能够将后续要描述的载荷传感器等所测得的数据转换为电信号，内置到自动测量系统中，实现自动测量。

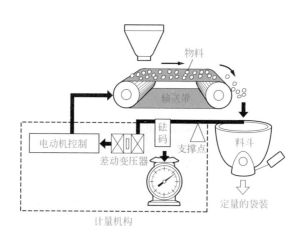

图3.11　料斗秤

专栏 国际计量大会（CGPM） ··

为了维护世界通用的单位制，根据米制公约，每隔4年在巴黎召开一次加盟国参加的国际计量大会。

在1998年召开的第一届大会上，承认了国际千克原器和国际米制原器等。从那时起，各种单位制的定义以及重新定义被大会讨论以及确定。

近年来，最受瞩目的就是质量单位千克的重新定义。虽然在2011年的大会上提出了千克的重新定义方案，但因为精度不足等原因而被延期。在2018年的大会上，进行了更进一步的讨论。

另外，CGPM是法语conférence générale des poids et mesures的首字母缩写。

3-3

力的测量

　将电阻应变片紧密贴合在物体上进行应力测量。

❶ 应力的测量经常使用弹性测量仪或电阻应变片。

❷ 电阻应变片的原理可以通过电路进行解释。

（1）弹性测量仪

弹性测量仪是利用千分表测量环状弹性体的变形量，以求解出作用力大小的仪器（图3.12）。在这种场合下，需要事先给出弹性体的变形量和千分表所测出的量值之间的关系。由于这种弹性测量仪使用方法简单，而且精度也好，所以被广泛地使用。但是，在进行较大的载荷测量的场合，因为所需弹性测量仪的体积相对较大，所以这种装置不适用于较大载荷的测量。

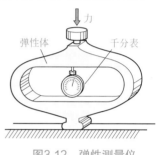

图3.12　弹性测量仪

（2）电阻应变片

在导体或半导体上施加作用力会产生应变，电阻应变片就是将这种应变转换成电阻来进行测量的仪器（图3.13）。因为应变片是基于长度变化量的，所以，根据胡克定律，将应变量乘以材料的弹性系数就能求解出应力（作用在单位面积上的力）。

电阻应变片的应变测量原理可以作如下解释。

当导线的电阻率为$\rho(\Omega \cdot m)$、横截面积为$A(m^2)$，以及长度为$l(m)$时，导线的电阻$R(\Omega)$可以用下式表示。在这里请注意，电阻应变片的电阻值通常为120Ω。

图3.13　电阻应变片

$$R = \rho \frac{l}{A}$$

然后，当这种导线受到力的作用时，其长度伸长Δl，这时的电阻值变化量为ΔR。在这种情况下，电阻变化与长度变化之间的关系能够用下式表示：

$$\frac{\Delta R}{R} = K \frac{\Delta l}{l} = K\varepsilon$$

式中，$\Delta l / l$ 表示应变，用 ε 表示。另外，K 是灵敏系数，表示电阻应变片的灵敏度。通常，金属材质的电阻应变片的灵敏系数为 2 ～ 3，而用于微小应变测量的半导体电阻应变片的灵敏系数是 100 ～ 150。

3.2 在试验件上粘贴电阻应变片并施加拉伸载荷时，样件产生了150μm的应变（图3.14）。若设电阻应变片的电阻为120Ω，灵敏系数为2，试求解电阻的变化是多少。

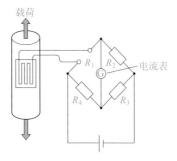

图3.14 电桥回路

解：

已知灵敏系数 K=2、应变 ε=150μm、电阻值 =120Ω，

根据 $\Delta R / R = K\varepsilon$，得到 $\Delta R = K\varepsilon R$，能求出 ΔR。

在上式中，代入灵敏系数 K=2、应变 ε=150μm、电阻值 =120Ω，则有：

$$\Delta R = 2 \times 150 \times 10^{-6} \times 120 = 0.036 \, (\Omega)$$

在图3.14中，将应变测量所使用的电路称为惠斯通桥式电路。在该回路中，不会发生失真现象。

当 ΔR=0 时，$R_1 R_3 = R_2 R_4$ 这一关系成立，电桥内的电流表在这种情况下的输出是零。当所施加的载荷促使应变发生时，电阻应变片的电阻值从 R_1 变化为 $R_1 + \Delta R$，电流表的输出也随之变化。

3-4
功率的测量

.... 最初的功率是指马的力量。

❶ 功率是指单位时间内所做的功，单位是瓦特（W）。

❷ 功率器包括普朗尼测功器和水力测功器等。

（1） 功率的定义和单位

功率是指单位时间内所做的功（能量），也将其称为动力。因此，只要能够测量出力、变量以及时间，就能求解出功率。在 SI 单位制中，功的单位是焦耳（J），1J=1N·m。功率的单位是瓦特（W），1W=1J/s。另外，功率的单位有时也会使用公制马力（PS）。1PS=735.5W。

机械的功率 P（W）可用转速 n（min^{-1}）和转矩 T（N·m）的乘积来表示，具体如下式所示。因此，分别测量出转速和转矩，然后将两者相乘得到的乘积就是功率。

$$P = \frac{2\pi}{60} nT$$

因此可以说，所谓的功率计就是测量转矩的装置。

（2） 吸收式功率计

吸收式功率计是通过使动力与摩擦、水或空气等的流体阻抗相平衡而进行测量的仪器。在这里，我们介绍利用摩擦进行测量的普朗尼测功器和利用水进行测量的水力测功器。

普朗尼测功器是通过机械摩擦将动力转换为热能，并吸收其机械能的测功仪器（图 3.15）。带轮被安装在原动机轴上，并随轴转动，木制制动衬片紧贴带轮阻碍其转动。通过台秤可以测量施加在木制制动衬片和带轮力臂点的作用力，通过这一测量得到的力和力臂的乘积就是转矩。因为仪器的结构简单，所以经常使用，但不适用于大功率的测量。

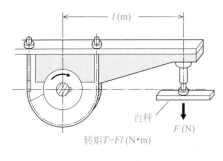

图 3.15　普朗尼测功器

水力测功器是利用转动的叶轮与壳体内水之间的摩擦阻碍运动进行测量的功率计。这种测功器的工作原理就是让数枚叶轮在充满水的箱体中旋转，通过叶轮和箱体内水的摩擦阻力吸收动力。这种测功器的力矩测量与普朗尼测功器的相同，转矩是作用在从箱体伸出的力臂上的力和力臂长度的乘积。容克式水力测功器是在叶轮上和箱体内设置钉式水阻柱，从而提高低速状态下的动力吸收效率（图3.16）。

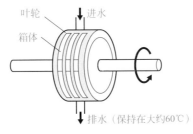

叶轮　进水
箱体

排水（保持在大约60℃）

图3.16　容克式水力测功器

（3）　通过式测功器

通过式测功器是通过安装在轴上的测量器来测量旋转过程中的传递转矩的仪器。我们以扭转式测功器为例，这是通过机械、光学、电气等各种方式来测量轴相对扭转的仪器（图3.17）。

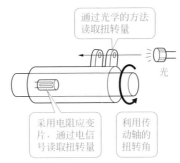

通过光学的方法读取扭转量

光

采用电阻应变片，通过电信号读取扭转量　利用传动轴的扭转角

图3.17　扭转式测功器

习　题

3.1　试简述质量的单位和力的单位。

3.2　试简述质量的基准是如何确定的。

3.3　试说明1N指什么。

3.4　在质量的测量中，试阐述天平秤和弹簧秤哪种能进行精确的测量。

3.5　试举两个工业用秤的示例。

3.6　试阐述利用电阻应变片测量力的工作原理。

3.7　试阐述功率的定义和单位。

3.8　试简述通过转动速度 n（r/min）和转矩 T（N·m）求功率 P 的计算式。

3.9　试简述功率计是测量什么物理量的器具。

3.10　试简述通过机械摩擦将动力转换为热能，并吸收其机械能的测功器是何种仪器。

第**4**章

压力（压强）的测量❶

在机械工程学中，我们不仅需要知道力，而且还需要知道力所作用的区域和方向。在自然界中存在的大气压和水压等也都被视为压力的范畴。

本章中，我们主要以流体相关的压力为例，学习压力的测量方法。另外，也会涉及真空的知识，即压力低于大气压时的状态。

---

❶ 均匀垂直作用在物体表面上的力称为压力，均匀垂直作用在物体表面单位面积上的压力称为压强。在工程与日常生活中，常把压强称为压力，并用符号p表示。

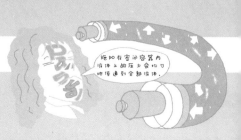

4-1

压力（压强）的
定义和单位

压力（压强）在工程学中是重要的物理量。

❶ 压力（压强）的单位是帕斯卡。

❷ 压力可分为绝对压力和相对压力。

(1) 压力（压强）的定义和单位

将垂直作用于单位面积上的力称为压强。在大多数情况下，压强的单位是帕斯卡（Pa），$1Pa=1N/m^2$。

在压力（压强）测量中，有许多部分与力的测量相似，但由于压力（压强）的测量对象通常是流体，所以压力计也是能够用于流体测量的。当力 F（N）作用于面积 A（m^2）时，压力（压强）p（Pa）表示如下：

$$p = \frac{F}{A}$$

压力包括以绝对真空为基准的绝对压力和以大气压为基准的相对压力（图4.1）。

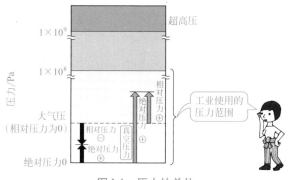

图4.1　压力的单位

(2) 各种压力（压强）

在我们的日常生活中存在着大气压、水压等压力。另外，我们制造的机械设备实际上也是在这些压力的作用下进行运转。无论技术如何进步，人类都不可能违背自然界的规律，而大气压或水压等都是客观存在的外在压力，因此我们需要正确地掌握这些客观存在的力。

① 大气压。

构成大气的空气是一种物质，因此气体也具有质量。所谓大气压是指覆盖在地球表面上的空气形成的力。虽然平时我们不会强调大气压的存在，但是每 $1cm^2$ 实际承受着大约 $1kg$ 的力。另外，越高的地方，单位面积上的空气柱的高度越低，而大气压变得越小（图4.2）。

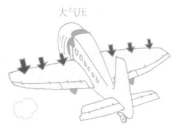

大气压

即使在空中，机翼上也有大气压作用

图4.2　大气压

虽然大气压是较大的压力，但是生活在地球表面的人们却不会感到被推压。这是因为作用在人体内外的压力几乎相同，不存在压力差。

另外，在国际标准中，规定标准大气压为 $101.3kPa$。

② 水压。

水压是指位于水中的物体承受的来自于水的压力。在水中，由于每下沉 $1m$，水压就会增加 $1t$ 左右，所以在深度为 $10000m$ 的深海，每 $1m^2$ 面积上就要承受 $10000t$ 的作用力（图4.3）。

巨大的水压作用于潜水艇上

图4.3　水压

在深海中存在着巨大的压力作用，深海鱼不会被压扁是因为鱼类的体内也有着相同的压力，抵制着水压的作用。鱼类在呼吸时通过鱼鳃来获取空气，因此鱼类承受水压的能力强。而人类是通过肺进行呼吸的，因此人类难以在水中吸取氧气。部分深海生物的细胞和组织结构进化出能够抵抗压力的特性。

4-2

压力的测量

只有当压差出现时，才会注意到压力的存在。

❶ 液柱压力计适用于相对压力较小的测量。
❷ 弹簧式压力计适用于相对压力较大的测量。

（1） 液柱压力计

① U形管液柱压力计。

液柱压力计是通过使作用在液柱上的重力与压力相平衡进行测量的压力计。U形管液柱压力计是具有代表性的液柱压力计。由于这种压力计的结构简单，只要在玻璃管内放入液体（多数情况采用水）就能够使用，所以被广泛利用。U形管液柱压力计能够测量的压力相对较小，在70kPa以下，因此不适用于压力在单位时间内变化较大的测量。

图4.4（a）中，当向管路内施加大气压p_0（Pa）时，压力的平衡位于管体的横截面A—A'处。当将管路内的压力由p_0（Pa）升到p（Pa）时，管路内的液体如图4.4（b）所示的那样进行运动。在这种场合下，压力的平衡变化到管体的横截面B—B'处，亦即$p_B = p_{B'}$（Pa）成立。

$$p_B = p + \rho gh$$
$$p_{B'} = p_0 + \rho'gh'$$

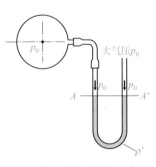

(a) 管路内的大气压为p_0时

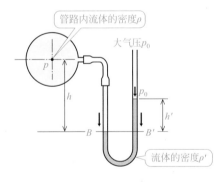

(b) 管路内的大气压从p_0(Pa)上升到p(Pa)时

图4.4 U形管压力计

因此，由 $p + \rho gh = p_0 + \rho'gh'$，得到：

$$p = p_0 + g\left(\rho'h' - \rho h\right)$$

在式中，用相对气压 p_g（Pa）表示管路内的压力 p（Pa），则有：

$$p_g = g\left(\rho'h' - \rho h\right)$$

在式中，设有 $p_g = p - p_0$ 这一关系存在。

由此可知，只要知道了流体的密度 ρ 和 ρ'（kg/m³），以及液柱的高度 h 和 h'（m），就能够测量出管路内的压力。

② 倾斜式液柱压力计。

倾斜式液柱压力计是将U形管液柱压力计倾斜放置来使用的仪器，按照其倾斜的程度，可在扩大压力的范围内进行测量（图4.5）。

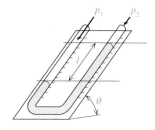

图4.5　倾斜式液柱压力计

③ 杯型液柱压力计。

杯型液柱压力计是将U形管液柱压力计的单管直径加粗来进行测量的器具，这种测量仪的特点是只测量未加粗管的液面相对于基准面的变化（图4.6）。

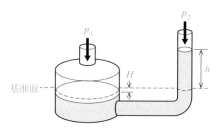

图4.6　杯型液柱压力计

另外，还有将众多细管并列排放的液柱压力计。

液柱压力计的液体通常都是水银。这是因为水银在常温状态下为液态金属，而且大约76cm的水银柱高就能够表示1大气压。1大气压如果用水柱高表示的话，就需要大约10m的高度。但是，在使用这种水银压力计时，假如错误地从单侧施加高压，就有可能发生有毒的水银飞溅的危险，因此，使用这类器具时需要小心谨慎，目前使用水银的场合正逐渐减少。

（2） 弹簧式压力计

① 波登管压力计。

弹簧式压力计是利用弹簧变形引起的应力与流体的压力相互平衡来进行测量的器具，波登管压力计是具有代表性的弹簧式压力计（图4.7）。波登管压力计的结构是将横截面为椭圆形的波登管弯曲成空心的圆弧状，并固定其一端，当流体流入波登管的内腔时，波登管的自由端会趋向伸直使曲率半径变大。在一定的范围内，波登管的曲率半径变化量与压力成正比。工业用的波登管压力计用于测量熔接气瓶、高压容器等中的压力，其测量的范围约达到200MPa。

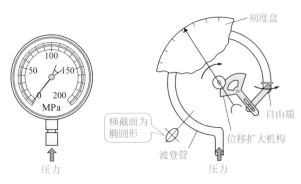

图4.7 波登管压力计

② 薄膜式压力表。

薄膜式压力表（图4.8）采用具有细波纹状薄膜的金属板，使金属薄膜的周边与四周紧密地密封，通过金属薄膜的中心位移来进行压力测量。这种压力计的测量范围约达到3MPa，虽然比波登管压力计要小，但适用于高黏度流体的压力测量。

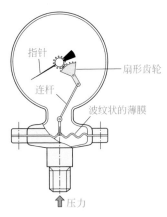

图4.8 薄膜式压力表

③ 波纹管式压力表。

波纹管式压力表是采用金属波纹管，利用金属波纹管产生的伸缩变形进行压力测量的压力计（图4.9）。这种压力计的测量范围约达到1MPa，虽然比波登管压力计要小，但在伸缩性和气密性方面具有明显的优势。

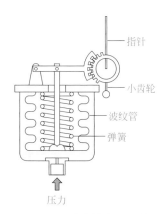

图4.9　波纹管式压力表

4-3
真空的测量

嗨，真空中的球真结实呦。

.... 真空不是什么都不存在吗？

❶ 真空是指气压比大气压低的状态。
❷ 真空计包括液柱式真空计和麦克劳真空计等。

(1) 真空的基础知识

在日本工业标准JIS中，真空的定义是气压低于大气压的空间状态。因此，真空并不是指完全没有空气的绝对真空。按照压力的大小，可将大气压和绝对真空之间的区间划分为以下几种：将压力为大气压到一个大气压的 $\frac{1}{1000}$ 的范围称为低真空；将大气压的 $\frac{1}{1000}$ 到大气压的 $\frac{1}{10^6}$ 的范围称为中真空；将大气压的 $\frac{1}{10^6}$ 到大气压的 $\frac{1}{10^{10}}$ 的范围称为高真空；将大气压的 $\frac{1}{10^{10}}$ 到大气压的 $\frac{1}{10^{15}}$ 的范围称为超高真空；将超高真空以上的范围称为极高真空。

真空计可以分为全压真空计和分压真空计。全压真空计是不管气体的类型，进行混合气体的全压力测量的真空计。与之相比，分压真空计是按照气体的类型分别进行压力测量的真空计。因此，与其说是压力计，不如说是质谱分析仪。

全压真空计可以分为绝对真空计和其他类型的真空计。根据JIS Z 8126的定义，绝对真空计是指"只通过物理量的测量就能获得压力的真空计"。

当对1kPa以下的压力进行测量时，如果不采用真空专用的压力计，就不能保证测量数据的精度。

其他类型的真空计包括利用气体热传导进行测量的真空计、利用气体黏稠性进行测量的真空计、利用气体电离作用进行测量的真空计等。

(2) 真空的测量

① 液柱真空计。

液柱真空计与液柱压力计的结构相同，但位于水银上方的空气不排放到大气中，而是被真空吸收或者单侧密封（图4.10）。在这种场合下，位于中心的玻璃管上部出现托里拆利真空。使用的液体要选择水银或者油。虽然液柱真空计的工作原理简单，但由于测量的灵敏度低，所以不适用于高真空的测量。

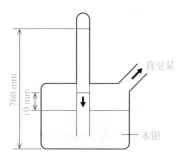

图4.10　液柱真空计

② 麦克劳真空计（麦氏真空计）。

麦克劳真空计的工作原理与液柱真空计相同，但是麦克劳真空计是将测量气体的体积压缩到 $\frac{1}{100} \sim \frac{1}{1000}$ 之后才进行测量（图4.11）。也就是说，将压力提升到100 ～ 1000倍，进而提高灵敏度。为了压缩气体，首先将气体导入压缩部位，然后将水银从下方向压缩部位推升，将气体封闭在细的管体内。在这种状态下，通过读取左右水银柱的液柱差，即可知道它所获得的压力。推升水银的方法有利用空气压力的方法和采用胶皮管连接水银槽改变位置的方法，但后一种方法有使水银遭受污染的缺点。

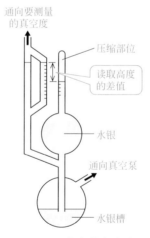

图4.11　麦克劳真空计

麦克劳真空计是通过手动操作、目视读取数据的方法来测量压力的，因此在使用上有些不便利。但是，通常将其作为绝对压力计对其他类型压力计进行校正。测量的压力范围为 $10^{-2} \sim 10$Pa。

从产业的视角来说，真空主要应用于半导体和电子产品类所需薄膜的生成以及加工制造装置中，而这些产业都是需要大量资金投入的。另外，我们日常生活中常见的CD或DVD等也是利用真空生成的薄膜制造的产品。

习题

4.1 试叙述绝对压力和相对压力的差别。

4.2 一个标准大气压是多少kPa？

4.3 试用绝对压力（MPa）表示相对压力0.5MPa。

4.4 试求解水面下10m处的压力。设水的密度为1000kg/m^3，重力加速度为9.8m/s^2。

4.5 液柱压力计和弹簧式压力计，哪个能用于高压的测量？

4.6 使用细波纹状的金属板进行压力测量的弹簧式压力计被称作什么压力计？

4.7 使用金属波纹管进行压力测量的弹簧式压力计被称作什么压力计？

4.8 在JIS的定义中，真空是指什么样的状态？

4.9 工作原理与液柱真空计相同，但将测量对象的气体体积压缩到 $\frac{1}{100} \sim \frac{1}{1000}$，即将压力提升100～1000倍进而提高灵敏度的真空计被称作什么真空计？

4.10 讲述真空在工业上是如何被应用的。

第 **5** 章

时间和转速的测量

　　为了掌握各种物体运动规律，时间的测量是不可或缺的。机械的运动通常都是用轮轴等的旋转运动来表示。因此，在通常的情况下，采用转速表示。转速是单位时间内的旋转次数，它将时间的测量与长度的测量相互联系起来，故这种测量也与速度或加速度等密切相关。在本章中，我们将学习时间和转速的测量方法。

5-1

时间的测量

————————————— 通过钟表可以为各种运动进行计时。

❶ 将时间流逝的某一瞬间称为时刻，而将时刻与时刻之间的间隔称为时间。

❷ 钟表有各种各样的类型，从太阳时钟、水钟到机械表、电波表等。

（1）时间的基准和单位

首先，要区分开时刻与时间。时刻是指不断流逝的时间中的某一瞬间的时间点；时间是指某两个时刻之间的间隔划分，例如小时、分钟和秒。

时间的 SI 单位是秒（s）。从古至今，时间的基准都是采用太阳的周期。这也就是说，"测量从太阳到达正南的时刻到太阳下次到达正南的时刻的时间，这一时间设定为 1 日（1 个太阳日）"。基于这一设定，在确定好 1 日的时间之后，对其进行 24 等分，并将每一等份确定为 1 小时的时间；再将 1 小时进行 60 等分之后就确定了 1 分钟的时间；将 1 分钟进行 60 等分之后就确定了 1 秒的时间。太阳钟在日常生活中起着重要的作用。但是如果进行精确测量的话，太阳钟会因为地球的自转速度等各种因素而发生变化。

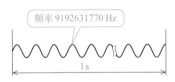

图5.1 铯-133原子的振荡

为此，1967 年，将时间的定义基准从过去一直使用的地球的运动变换为原子的振动。目前，将 1 秒定义为"铯-133 原子基态的两个超精细结构能级之间跃迁相对应辐射周期的 9192631770 倍持续的时间"。这也就是说，作为 1 秒基准的铯的固有微波振荡频率是 9192631770Hz（图5.1）。

所有的原子都具有固定的共振频率，各原子只吸收或释放这种共振频率的微波。只有当受到与这一频率相匹配的微波辐射时，铯原子的能量才会稍微增加，将这种现象称为微波激励。

也就是说，原子钟（学名是原子频率基准器）是通过测量微波的频率来确定 1 秒的长度。因此，原子钟不存在刻度表盘。

即使在现在，时刻也还是基于地球的运动来确定的。但是，因为地球的运动并不是匀速的，所以，每天的时间都会有一些细微的差异。

这样一来，基于原子钟和地球的运动确定的时间就会有偏差。通常用"闰秒"可校正这种偏差，当偏差变大时，就采用闰秒来校正时间。

原子时间是综合世界各地的原子钟数据，通过平均世界各地的原子钟得出的。然后以1秒为单位进行检查，将非常准确的原子钟称为"一级标准器"。

图5.2 日本标准时间

日本所采用的标准时间是由位于东经135°的明石天文台确定的，将其称为日本标准时间（图5.2）。日本标准时间确定的正午时间是太阳正好位于东经135°的正上方的时间。

日本标准时间是通过观测恒星的子午线来确定的。在日本，位于东京都小金井市的信息通信研究机构与东京天文台协作，发送报时信号。在研究机构内，设置了10台原子钟，为保证原子钟的运行，必须要保证钟的放置房间不受气温、湿度以及气压的影响，甚至都不会受到地磁的影响。

（2） 时钟

时钟是一种计量时间的工具。时钟采用的工作原理包括以下两种：

基于物理定律的连续变化；

稳定的周期运动。

① 太阳时钟。

太阳时钟是利用太阳的运动进行时间计量的器具，它将日出和日落间的时间进行6等分或12等分，根据日影棒的阴影落下的位置来获得时间（图5.3）。由于日出和日落的时间会随季节的变化而发生变化，被等分的时间会出现夏天长、冬天短的现象。将这种随季节或地点不同发生变化的测量时间长短的方法称为不定时法。相应地，将1日进行24等分的测量方法称为定时法。

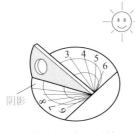

图5.3 太阳时钟

图5.4 水钟

② 水钟。

水钟是利用水测量时间的器具（图5.4）。水钟与太阳钟相同，都具有久远的历史。这种测量方法具有可在黑夜或下雨天气使用的特点。水钟的测量方法有两种：一种是不考虑流量的变化，将容器充满水的时间设定为1单位时间的方法；

另一种是设法使流量保持为常数，并通过刻有等间隔刻度的容器中积存的水量测量时间的方法。

③ 利用机械机构的摆钟。

摆的振动具有等时性，即摆往返1次的时间与摆的摆动幅度无关。这一规律是由意大利的伽利略在1583年发现的。

假设摆的长度为$l(m)$、重力加速度为$g(m/s^2)$，则可以用下式来表示摆的周期$T(s)$：

$$T = 2\pi\sqrt{\frac{l}{g}}$$

然而，这种等时性在振幅较小的场合下成立，而在振幅较大的场合，会产生误差，这种关系将不再成立（图5.5）。

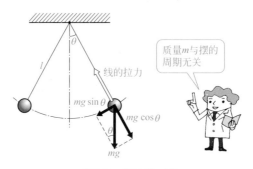

图5.5　摆的等时性

1658年，荷兰的惠更斯构思了最早的摆钟。他在悬挂摆的细绳两端配置了弯曲的板，在这种情况下，即使摆发生了大幅度的摆动，也可以通过摆与弯曲板的相碰来实现每一个往复的时间相等（图5.6）。

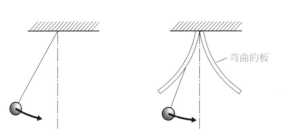

图5.6　摆钟的工作原理

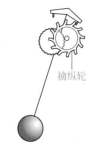

图5.7　摆和擒纵机构

这种结构的出现使时钟的精确度提高到之前无法比拟的程度，从此之后，机械式时钟得以发展。

采用擒纵机构（图5.7）可以有效地利用摆的等时性，使齿轮以恒定的速度转动。擒纵机构由称为擒纵轮的锯齿状的齿轮和与摆锤一起运动的棘爪等组成，这一机构通过发条的弹簧力驱动，保持连续转动。

摆轮游丝机构是一种小型紧凑的由摆轮和游丝等组成的振荡机构（图5.8）。摆轮游丝机构通过被称为游丝的弹簧的收紧与扩张，产生一个回转力矩，驱动摆轮像摆那样以固定的周期持续进行回转运动。

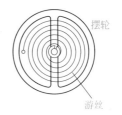

图5.8　摆轮游丝机构

然后，通过使齿轮保持恒定的速度进行转动的擒纵机构和不受重力影响的小型摆轮游丝机构相结合，使时钟的精确度得到进一步的提高（图5.9）。

④ 电子式的石英钟表。

现在，大多数的钟表都以电为动力，通过驱动石英晶体发生振荡进行计时，这就是石英钟表。石英钟表是在1930年由美国的贝尔研究所发明的。也就是说，如果在石英晶体片的两侧粘贴铜片，用铜线连接两个铜片，当向石英

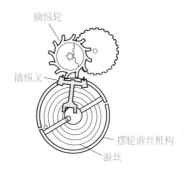

图5.9　擒纵机构和摆轮游丝机构

晶体施加压缩力或消除压缩力时，铜线上就会有流动的电流出现。相反，当铜线中有高频的电流时，石英晶体就会发生压缩和膨胀这样的循环振荡。这一振动的频率取决于石英晶体的形状，是一个稳定的常数。例如，石英晶体每振动32768次就是1秒（图5.10）。

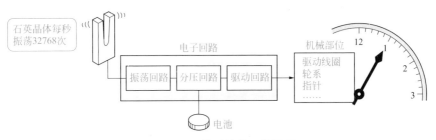

图5.10　石英时钟的工作原理

⑤ 利用原子钟的电波钟。

电波钟是具有自动修正误差功能的钟表，通过钟内配置的高性能天线接收含有时间信息的标准电波进行时间修正。

日本的标准电波发信基地（电波发送所）有福岛县田村市都路町（大鹰鸟谷山）和佐贺县佐贺郡富士町（羽金山）。这两个地方的电波发送信息与信息通信研究机构（东京都小金井市）保管的电子表所提供的日本标准时间相同，通过远程遥控的形式进行联动（图5.11）。

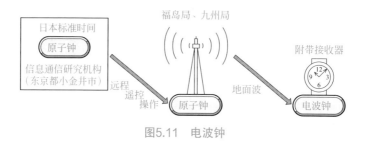

图5.11 电波钟

(3) 秒表

秒表是一种用于测量实验等过程的时间的器具。一般的秒表的测量精度高达0.01秒。此外，秒表还有诸多其他的功能，如可以存储测量的结果、间隔的时间以及连接到打印机等。

秒表是通过人的手指按压开始按钮和停止按钮来测量时间的器具。因此，会出现因每个人的熟练程度不同而出现人为的误差。尽可能减少误差的一种方法就是将手一直放在按钮上，最好是使手指保持接触按钮的状态（图5.12）。

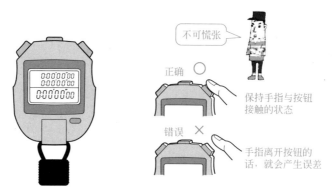

图5.12 秒表

另外，在田径运动等体育项目中，需要采用更加精确的时间测量方法。在奥运会等官方竞技比赛中，不会使用手动的秒表测量时间，而是采用与发令的枪声连动的电子式时间测量器进行计量。另外，影像裁判辅助系统在竞技比赛项目中，也起着十分重要的作用。影像裁判辅助系统采用CCD相机，以最高2000帧/秒的速度摄录，录制选手们穿过终点线的那一瞬间，而且连续录制的选手们穿越终点线时的图像会显示在监视器的屏幕上。田径比赛的官方录制图像能够以0.01秒的精确度进行计时，这种影像裁判辅助系统能够实现0.001秒的测量精度。

顺便说一下，在100m田径比赛中，参赛者到达终点是以身体的某个确切的部位穿过终点线为准则的。日本田径联盟规定的田径竞赛规则规定"选手的名次是以其躯体（即指身体躯干，但不包括头、颈、臂、腿、手或者足）"的某一部位抵近终点线，并沿垂直面抵达终点线的顺序。

　　大名钟是江户时代的大名（诸侯）专属的钟表工匠们耗时多年手工制作的钟表。这种钟表在制作技术、机械机构和材质等方面都是非常出色的，是一种不可多得的美术工艺品，是日本独有的一种钟表。这种钟表的计时方法与欧洲所用的24小时定时法不同，它是将从黎明到黄昏的白昼分为六个相等的时间间隔，并将黄昏到黎明的黑夜也进行6等分的不定时法（图5.13）。这也就是说，由于黎明到黄昏的时间长短会随季节的变化而发生变化，所以，白天和黑夜的时间长度也在变化，一刻钟（一个时辰）的长度也会改变。

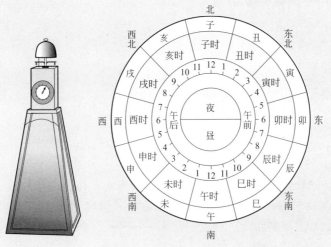

图5.13　大名钟和不定时法

　　在日历上，即使是现在，也在使用子、丑、寅、……、亥这十二地支和甲、乙、丙、……、癸这十天干组合构成甲子、乙丑等具有六十个基本单位的干支纪元法表示大名钟的时刻。通过不定时法表示的时刻或方位的称呼不用数字，而是采用天干地支。

5-2

转速的测量

 ‧‧‧‧‧‧‧‧‧‧‧‧‧‧‧‧‧‧‧‧‧‧‧‧‧‧‧‧‧‧‧‧‧‧‧‧‧‧‧ 如何测量转动物体的速度。

❶ 转速用每分钟内旋转的次数来表示。

❷ 转速计包括离心式、电测式以及频闪仪等类型。

(1) 转速的定义和单位

大多数机械设备的转速都是用1分钟内的旋转次数来表示，单位是min^{-1}。此外，rpm单位虽然不是国际单位，但是在日本的计量法中得到承认，这种转速单位被广泛使用。据说，人们的肉眼能够观察到的最高转速是$140min^{-1}$左右。高于这一转速的测量就需要采用转速计。

(2) 转速计的类型

① 离心式转速计。

离心式转速计是通过使作用在旋转体上的离心力与螺旋弹簧的反力处于平衡状态，根据弹簧的位移量测量转速的仪器（图5.14）。这种转速计的结构简单且结实，能够测量瞬间的转速。

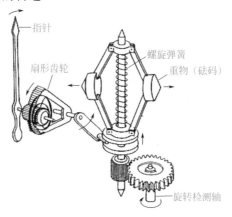

图5.14 离心式转速计

② 计数式转速计。

计数式转速计是通过测量物体的旋转次数进行计量的仪器，分为手持式转速表和电子计数式转速计。

手持式转速表是使转速表直接与被测量的旋转轴接触进行测量的仪器。这种转速表的工作原理是通过旋转检测轴来获取被测量轴的转速，经摩擦轮传递使棘轮转动，用指针表示转动速度（图5.15）。

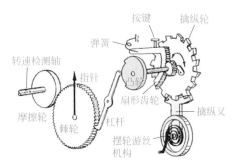

图5.15　手持式转速表的工作原理

采用手持式转速表进行实际测量如图5.16所示。转速表与被测量轴相接触的部位是用橡胶制造的，这能保证两轴的接触不出现滑动。因为是通过人的目测读取刻度值，所以不适用于随时间变化比较大的转速的测量。

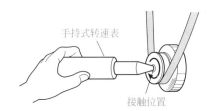

图5.16　采用手持式转速表进行实际测量

电子计数式转速计是利用接收器进行电子计数的测量仪器。接收器的类型包括将旋转圆盘上的凹凸点转换为电磁式计数的装置［图5.17（a）］、采用光敏元件对通过回转圆盘缝隙的光的明暗计数的光电式装置［图5.17（b）］。

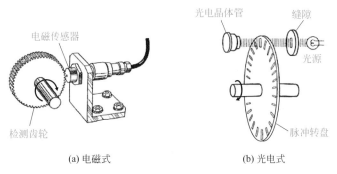

(a) 电磁式　　　　　　　　　(b) 光电式

图5.17　电子计数式转速计

③ 电子式转速计。

电子式转速计是将直流或交流电动机与需要测量的旋转轴直接连接，基于与旋转速度成正比的电压值求解转速的测量仪器（图5.18）。在大多数情况下，汽车的速度计量采用电磁式转速计，轨道车辆的速度计量采用发电式转速计。发电式转速计具有将在一个系统中同时测量的多个数据以电信号的形式集中监控的优点。

图5.18　电子式转速计

④ 频闪仪。

频闪仪是利用以特定频率周期性快速闪动的光源进行测量的光学装置，最高能够测量30000r/min的转速。因为频闪仪是以非接触的方式进行测量，所以即使转矩很小的转动也能够实现准确的测量。

测量的工作原理是当频闪仪的闪光频率与被测物体的转动频率相同或接近时，高速回转的物体看上去呈现静止状态（图5.19）。

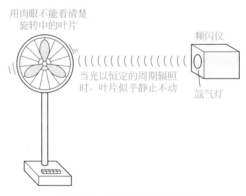

图5.19　使用频闪仪的测量

当转速为频闪仪闪动次数的整数倍时，物体看似静止不动。因此，为了确定实际的旋转速度，要做到对大致的转动次数心中有数，建议采用从较低的闪动次数开始，逐渐提高的方法进行测量（图5.20）。

当叶片到达某一位置时，
如果进行光辐照的话，叶
片就会看似静止

△注意

当用整倍数光辐照时，
有时观察到的叶片枚数
会增减

图5.20　使用频闪仪进行测量的注意事项

⑤ 转速表。

转速计在英语中被称为tachmeter（转速表），因此，在通常情况下，汽车或摩托车的转速指示器也被称为转速表。

发动机转速的测量方式有多种。现在，大多是采用旋转编码器等角速度传感器测量曲轴的转动角度，从而实现发动机转速的测定。

习题

5.1 时间的SI单位是什么？

5.2 时间的定义基准从地球的运动变换到现在的什么基准？

5.3 日本标准子午线被规定在哪一个地点？

5.4 试列举两种采用物理法则的连续变化制作的钟表。

5.5 假设摆的长度为l（m）、重力加速度为g（m/s^2），试求出摆的周期T（s）。

5.6 现在，大多数钟表使用的振荡发生装置是什么？

5.7 试简述电波表的工作原理。

5.8 试简述转速的定义和单位。

5.9 试列举两种计数式转速计。

5.10 试简述频闪仪的优点。

第 **6** 章

温度和湿度的测量

　　大多数场合都是采用热能作为机械的动力源。因此，经常需要对各种各样的温度范围进行测量。在这种场合，选取适当的温度计进行温度的测量是非常重要的。在本章中，我们将要学习各种各样的温度计。另外，我们还将学习如何进行湿度的测量，湿度实际上是指气体中含有水蒸气的量。

6-1

温度的定义和单位

 哦，不可思议的是，无论什么物质在温度为0K时，都会停止运动。

❶ 热是能量存在的一种形式，温度是表示热能大小的尺度。
❷ 温度的SI基本单位是开尔文（K）。

(1) 温度和热

温度是一个以数量的方式表示冷热程度的标量。从微观的角度来看，温度是构成物质的分子热运动的剧烈程度的统计值。

温度存在着一个下限。在0K（=-273℃）时，任何分子都会处于静止状态（图6.1）。我们将这一温度称为绝对零度。

图6.1　在0K时所有分子的运动都停止

温度是很难测量的物理量之一。这是因为温度是分子热运动程度的统计值，所以在分子数量比较少的情况下，统计值将会出现不稳定的现象。样本量少会使统计的结果毫无意义。

热能是指由于存在温度差而能进行移动的能量，热运动是其基本运动形式之一，温度用来表示物体内部的分子热运动的剧烈程度。过去，人们相信热素的假说，即热就是被称为热素的物质，但这一假说在后来被否定了（图6.2）。需要注意，热量总是由高温物体传递到低温物体。

图6.2　热的本质是由热素转化为能量

(2) 温度的单位

① 热力学温度。

热力学温度是基于热力学定律而定义的温度，这种温度的
特点是以所有的热运动都停止时的绝对零度为基准点。因此，
热力学温度也被称为绝对温度，单位是开尔文（K）（图6.3）。
热力学温度是由英国的物理学家开尔文在1848年提出的。

图6.3 热力学温度

② 摄氏温度。

摄氏温度是以摄氏温标作为标记的温度测量单位（图
6.4）。在欧美，根据提出者的名字将这种温度称为Celsius，用
中文写为摄尔修斯，于是简称为摄氏温度。摄氏温度是基于瑞
典天文学家安德斯·摄尔修斯在1742年提出的方案，历经改进创建的。

图6.4 摄氏温度

当时，规定在1个标准大气压下，将水的凝固点设为100℃、水的沸点设为
0℃，将两者之间等分成100个相等的间隔，并将温度分别向低温区域和高温区域
扩展。但是，人们在此后的使用中感到不方便，因此将其修改成现在的规定，也
就是将水的凝固点设为0℃、水的沸点设为100℃。

③ 华氏温度。

华氏温度是以华氏温标作为标记的温度测量单位（图6.5）。
这种温标是由德国的物理学家华伦海特在1724年创立的。华氏
这一标注来自于对Fahrenheit的音译"华伦海特"。

图6.5 华氏温度

这种温度单位是将一定浓度的食盐水凝固时的温度点设定为0℉，将人体的
体温设定为96℉，并将两者之间划分成96等份，将温度分别向低温区域和高温
区域扩展。华伦海特死后，对温标进行了一些修正，其修正的结果就是将1大气
压下的纯水的冰点设定为32℉，水的沸点设定为212℉，并向区间之外进行扩
展。这种温度测量方式的测量结果与人们日常生活中的感觉很相近，夏天的气温
为100℉，冬天的气温为0℉。如果以摄氏温度 t（℃）为基准的话，华氏温度 F
（℉）就能够用下式表示：

$$F = \frac{9}{5}t + 32 \qquad \text{或者} \qquad t = \frac{5}{9}(F - 32)$$

第6章 温度和湿度的测量

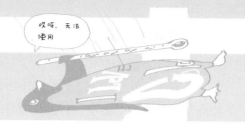

6-2

温度的测量

要注意温度计的测量范围。

❶ 温度计有液柱式、双金属片式、热电偶等。

❷ 高温计利用光或红外线等，采用非接触的方式实现高温的测量。

(1) 液柱温度计

液柱温度计是利用液体（通常是灯油等酒精类）的热膨胀进行温度测量的仪器（图6.6）。这种温度计由于结构简单，而且精确度好，因此被广泛地使用。

在使用液柱温度计测量温度时，需要注意的是，温度计的温度上升至与被测物体的温度相等时需要花费时间而造成延时，还有玻璃管在长期使用过程中，会发生收缩疲劳而引起退化等。

图6.6 液柱温度计

(2) 双金属片温度计

双金属片温度计是将热膨胀系数不同的2枚金属板粘接在一起制成的仪器（图6.7），是利用双金属片的弯曲会因温度不同而发生变化的性质，可在温度计或温度控制装置等中使用。

膨胀系数小　开关OFF　加热　开关ON　膨胀系数大　大变形

图6.7 双金属片温度计

常用的双金属板是在铁镍合金中添加锰、铬、铜等元素炼制的两种热膨胀率不同的金属板，并通过冷轧方法使其结合的板材。

恒温控制器就是利用温度变化会引起双金属片变形的原理，自动调节温度使其保持在固定值的装置，常用于家用电器等中。

(3) 热电偶

热电偶是利用塞贝克效应，将两种不同类型的金属导线的两端分别连接，只要两个连接点处的温度不同，回路中就会因热电效应而产生热电动势（图6.8）。热电偶原理的温度计可用于高温或空间狭小场所的温度测量，在自动控制装置中常作为温度传感器使用。

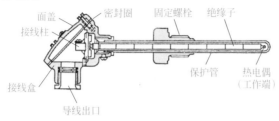

图6.8 热电偶

热电偶是测量高温端和低温端温度差的仪器。因此，如果将热电偶的参考端设为冰点的话，这种方式就能实现高精度的测量（图6.9）。

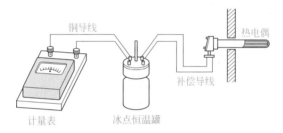

图6.9 测量回路

列举的热电偶示例如表6.1所示。

表6.1 热电偶的示例

符号	正极（+）	负极（-）	使用温度范围/℃	特征
K(CA)	铬镍合金	镍铝合金	-200 ～ 1000	电动势呈线性上升
E(CRC)	铬镍合金	铜镍合金	-200 ～ 700	热电动势较大
J(IC)	铁	铜镍合金	-200 ～ 600	容易生锈
T(CC)	铜	铜镍合金	-200 ～ 300	传热误差较大
R(PR)	铂铑合金	铂	0 ～ 1400	稳定性好

(4) 电阻温度计

① 铂电阻温度计。

电阻温度计是一种利用金属或半导体的电阻随温度变化的性质进行测量的仪

器。在电阻温度计中，最实用的铂电阻温度计主要用铂线作导体，这是因为这种物质具有良好的化学稳定性。另外，常用的还有镍和铜等，这些材料与铂相比，具有价格便宜、电阻温度的系数大、在常温下性能稳定的优点。

② 热敏电阻。

热敏电阻（图6.10）是一种对温度敏感的元件，其电阻随温度的变化而出现极大的变化，测量的温度范围为-50 ~ 350℃。图6.11是最具代表性的热敏电阻。热敏电阻按照特性可分为以下3种。

芯片类型

带引线的芯片类型

图6.10　热敏电阻

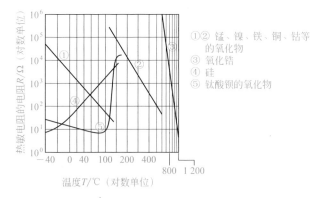

①② 锰、镍、铁、铜、钴等的氧化物
③ 氧化锆
④ 硅
⑤ 钛酸钡的氧化物

图6.11　热敏电阻的典型特性

NTC热敏电阻是随温度的上升电阻减小的热敏电阻。因为NTC热敏电阻的温度和电阻变化成比例，所以被应用得最多。这种电阻是将镍、锰、钴、铁等的氧化物进行混合，通过烧结的方法制成。

PTC热敏电阻的特性正好与NTC热敏电阻相反，这是一种电阻随温度的上升而增大的热敏电阻。PTC热敏电阻是以钛酸钡的氧化物等为主要成分的烧结体。

另外，还有一种当超过某一温度时，电阻值随温度的增加而急剧减少的CTR热敏电阻。它属于临界温度热敏电阻类型。

(5) 热辐射温度计

① 光测高温计。

光测高温计是一种将高温计内装的电灯泡的灯丝辉度（光的亮度和强度）调整到与炽热的被测物体的辉度相同，在这种状态下，通过流过灯丝的电流来读出炽热物体温度的仪器（图6.12）。因为这种光测高温计无须接触被测量的对象，即可轻松简单地进行测量，而且携带也很方便，所以被广泛使用。仪器能够测量到700℃左右的温度。

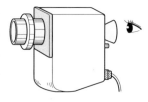

图6.12　光测高温计

② 红外线温度计。

所有具有温度的物体都会向外辐射红外线，这种红外线的波长与物体的温度相关。红外线温度计是通过测量物体辐射出的可视光线的强度来确定测量的温度（图6.13）。可用于700℃以上的温度测量。

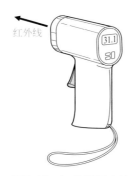

红外线

图6.13　红外线温度计

红外热成像技术是采用对红外辐射能量敏感的红外热像仪，通过捕捉测量对象辐射的红外线，进行图像化处理的技术。大多数的物体都向周围环境辐射红外线，由于红外线的辐射量会随温度的上升而增加，所以可将测量对象的温度转化为红外线的变化。这种技术可用于测量机械或人体的表面温度分布。

6-3

湿度的测量

❶ 湿度包括绝对湿度和相对湿度。
❷ 湿度的测量仪器有毛发湿度计和干湿球温度计等。

(1) 湿度的基础

　　湿度是用气体中含有的水蒸气的量表示的，可以分为绝对湿度和相对湿度两种类型。绝对湿度表示单位体积气体中含有的水蒸气的质量，这种湿度不受温度或压力变化的影响。饱和是指气体含有的水蒸气在给定的温度和压强下达到最大值的状态。处于饱和状态时的水蒸气的量称为饱和水蒸气量，这种蒸汽的温度与压力之间是一一对应的关系，二者之间只有一个独立变量。相对湿度是指某温度的气体中含有的水蒸气和同体积的气体在相同温度下所含的饱和水蒸气量之比，用百分比（%）表示。

(2) 湿度的测量

　　① 毛发湿度计。

　　人类的毛发具有随空气相对湿度大小而改变长度的特性，当湿度增大时伸长，湿度降低时收缩。毛发湿度计是将数十根毛发捆扎成束制成的测量湿度的仪器（图6.14）。湿度测量是通过脱脂处理后的毛发的伸缩感知，温度测量是通过双金属片等的变形感知，测量结果用位于指针前端的笔尖将测量值记录在随定转速滚筒运动的记录纸上。

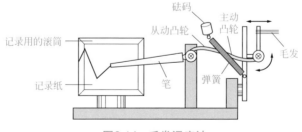

图6.14　毛发湿度计

这种湿度计结构简单，价格低廉，并且能够直接读出相对湿度，数据记录也简单。然而，这种湿度计在整个湿度的测量范围内，存在测量精度难以保证和反应滞后等缺点。最近，毛发湿度计被精确度更高的电子式温湿度记录仪所取代，这是一种采用电子式传感器的温湿度测量仪。

② 干湿球温度计。

干湿球温度计是一种测定气温、气湿的仪器，它由两支相同形状的温度计组成，一支称为干球温度计，另一支称为湿球温度计。在测量时，分别读取两支温度计所测出的干球温度和湿球温度，并通过实验计算式求解得出相对湿度（图6.15）。在实验中，湿球温度计是用水浸湿的纱布等包裹着温度计的测温探头，当用裹了湿纱布的测温探头测量温度时，因水蒸发时会带走热量而使温度变化小，显示的温度会低于周围温度。如果相对湿度为100%，水就不会蒸发。另外，为了提高本测试的精确度，采用通风机进行风速为3.0m/s以上的强制通风。

图6.15 干湿球温度计

③ 露点仪。

将装有冰块的冰冷水杯放置在房间时，水杯的杯身外壁就会附有水滴。这是因为水杯周围的空气温度下降，空气中含有的水蒸气变成了水滴。当空气的温度降低时，使空气中含有的水蒸气变成水滴的温度称为露点。

露点温度会随空气中水蒸气的量而变化。例如，露点温度在水蒸气量多时就高，在水蒸气量少时就低。这也就是说，露点温度表示的是空气中的含水量。

具有代表性的露点仪是镜面露点仪，这种仪器是通过光来检测水滴的结露状态（图6.16）。这种方法是在空气等的流通路径中设置小镜片，利用珀尔帖元件使镜片的温度升高或降低，在镜面上强制产生露珠并进行检验。

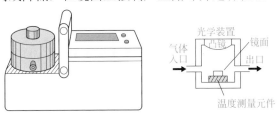

图6.16 镜面露点仪

习题

6.1　试简述热能和温度的定义。

6.2　试列举三个有关温度的物理量，并分别简述其单位。

6.3　试简述液柱温度计利用了液体的什么性质。

6.4　试简述双金属片温度计的工作原理。

6.5　试简述热电偶的工作原理。

6.6　试简述热敏电阻的工作原理。

6.7　试简述光测高温计的工作原理。

6.8　试简述红外线温度计的工作原理。

6.9　试简述绝对湿度和相对湿度的定义。

6.10　试列举两个有代表性的湿度计。

6.11　摄氏温度40℃等于多少华氏温度？

6.12　华氏温度100 ℉等于多少摄氏温度？

第 **7** 章

流体的测量

　　为更好地驱动机械设备运转，我们需要正确地掌握存在于机械设备周围的空气或者水的特性。流体不是作为物理量存在的，我们实际上只能测量出流体的压力、密度、流量以及流速等。在本章中，我们将学习这些物理量的定义、单位以及测量方法等。

7-1
表示流体的物理量

❶ 流体是指能任意改变形状且流动的物质。

❷ 与流体相关的物理量有密度、相对密度、流量、流速以及黏度等。

(1) 密度

密度是指每单位体积的质量（图7.1）。质量为 m（kg）、体积为 V（m³）的物质密度 ρ（kg/m³）可以用下式表示：

$$\rho = \frac{m}{V}$$

在1atm（1atm=101325Pa）下，水的密度在4℃时最大，为1000kg/m³。在一个标准大气压下，空气的密度在15℃时是1.225kg/m³，在40℃时是1.128kg/m³。

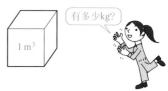

图7.1 密度

(2) 相对密度

相对密度是指某物质的重量与一个标准大气压下的具有最大密度（4℃）的同体积纯水重量的比值。相对密度是无量纲的量，而密度是有量纲的量（图7.2）。

油的相对密度：汽油的相对密度为0.65～0.75，柴油的相对密度为0.85，通常都小于1.0。

盐水的相对密度：平均值为1.02，但因各地点海水的盐分不同，密度有一些差异。

图7.2 相对密度

(3) 流量

流量分为质量流量和体积流量两种。质量流量是指流体在单位时间内通过有效截面的流体质量，体积流量是指流体在单位时间内通过有效截面的流体体积（图7.3）。在大多数场合下，所分析的对象都是在管道内流动的液体或气体。

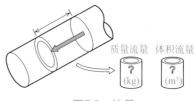

图7.3 流量

(4) 流速

流速是指流体在单位时间内移动的位移（图7.4）。流速的计量方法有多种，例如，利用随流体进行移动的物质求解的方法，利用作用在放置于流体中的物体上的力求解的方法，利用放置于流体中的物体前后所产生的压差求解的方法，等。

图7.4 流速

(5) 液面

液面是指液体表面所处的位置（图7.5），用于水槽内的测量等。

如何测量水位？

图7.5 液面

(6) 黏度

流体抵抗变形或阻止相邻流体层产生相对运动的性质称为黏性，而呈现黏性的物体称为黏性体。黏度是表示流体流动难易程度的物理量（图7.6）。

例如，在两块平行的平板之间充满某种液体，分析当用平行于板的稳定的力推动其中一块平板运动时，随着平板的运动，液体也开始运动。在这种情况下，越靠近运动平板的液体其流动的速度越快。

哗啦哗啦？

黏黏糊糊

图7.6 黏度

(7) 层流和湍流

当流体中的微粒呈现规则性的流动时，称为层流。相应地，当流体中的微粒呈现不规则性的流动时，称为湍流（图7.7）。

层流或湍流可以用被称为雷诺数的具体数值表示。

层流　　　湍流

图7.7 层流与湍流

7-2

流体的测量

流体的测量呈现多样化。

❶ 首先要考虑测量的是什么物理量。
❷ 其次考虑用什么方法进行测量。

（1）密度的测量

固体的密度利用弹簧秤就能够简单地求出。

阿基米德法是利用放置于液体中的物体承受与其同体积液体相同的浮力（阿基米德原理）求解样品密度的方法。

根据胡克定律，有 $F = kl$ 。

按照力的平衡条件，有 $Mg = kl$ 。

当设物体的体积为 V、水的密度为 ρ、重力加速度为 g 时，由于有 ρVg 的浮力作用于物体，所以弹簧上的作用力也会减少 ρVg。假设此时的弹簧伸长由 l 变为 l'，物体的质量为 M，则会有下式成立：

$$Mg - \rho Vg = kl'$$

在上式中，代入 $Mg=kl$，则有：

$$kl - \rho Vg = kl' \qquad \text{或者} \qquad Vg = \frac{k}{\rho}(l - l')$$

将力的平衡方程式用上式去除的话，就能够获得如下的方程式：

$$\frac{M}{V} = \frac{l}{l - l'}\rho$$

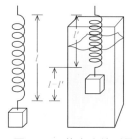

就此，观察一下实际的测量示例。如图7.8所示，在弹簧秤上悬挂要测量的固体。首先，测量弹簧秤在空气中的伸长量；其次，测量固体放入水中时弹簧秤的伸长量；最后，将所有值代入上式，求解得出固体的密度。

图7.8 固体密度的测量

（2）相对密度的测量

相对密度使用比重计进行测量（图7.9）。比重计也被称为浮标或波美比重计。几乎所有液体的测量都可以使用比重计，使用比重计能直接读取密度、相对密度以及浓度等数值。因为其具有结构简单、能够进行精密测量等优点，所以被广泛地使用。

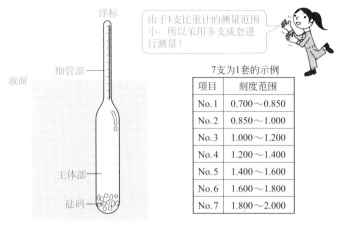

由于1支比重计的测量范围小，所以采用多支成套进行测量！

7支为1套的示例

项目	刻度范围
No.1	0.700～0.850
No.2	0.850～1.000
No.3	1.000～1.200
No.4	1.200～1.400
No.5	1.400～1.600
No.6	1.600～1.800
No.7	1.800～2.000

图7.9　比重计

比重计是一根密闭的玻璃管，管的一端是有刻度的粗细均匀的细管，而另一端呈泡状，在泡里装有小铅粒等调整比重计的重量，细管的内壁贴有刻度纸。当比重计稳定地浮在液体中处于平衡状态时，比重计本身的重量与位于液体中的体积所排开的液体的重量相等。通过读取细玻璃管处的刻度值可以获知这种液体的密度等，因此，能够进行密度等的测量。

尽管相对密度没有单位，但在比重计上规定了几个辅助的计量单位。重波美度（Bh）作为比水重的液体测量的刻度。重波美度为0就相当于相对密度为1.0，重波美度为72就相当于相对密度为2.0。轻波美度（Bl）作为比水轻的液体测量的刻度。轻波美度为10就相当于相对密度为1.0，轻波美度为72就当于相对密度为0.7（图7.10）。

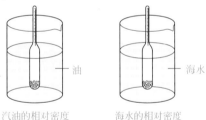

汽油的相对密度是0.72～0.77

海水的相对密度约是1.02

图7.10　测量的状态

（3）流量的测量

① 压差式流量计。

压差式流量计是通过在流体流经的管路中设置节流装置，利用流体的压力在节流装置的前后发生变化的原理进行测定的。压差式流量计的结构简单，具有可以对液体、气体以及蒸气等多种流体进行测量的优点。但是，这种流量计与其他类型的流量计相比，存在测量的流量范围小、压力损失大等缺点。

压差式流量计的节流部位形状有孔板、喷嘴以及文丘里管等。无论何种形状，都能够测量压力，将测量值带入规定的公式，都能够求解得出流量。

孔板型结构如图7.11所示，是将中心具有圆形孔的圆板安装在管路的中间。喷嘴型结构通常用于蒸气等高温和高速流动的流体的流量测量（图7.12）。孔板是圆盘状的隔板，喷嘴是筒状的横截面逐渐减小的椭圆形。

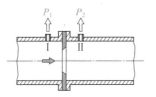

图7.11 孔板型结构

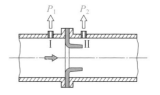

图7.12 喷嘴

文丘里管是在管路中将管径收缩成圆锥的形状。这种结构虽然能够应用于含有固体的流体测量，但因其圆锥结构使管路变长，所以装置与喷嘴或孔板结构相比要大很多（图7.13）。

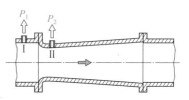

图7.13 文丘里管

② 面积式流量计。

面积式流量计是利用位于管路内的锥形管的节流面积的变化，使锥形管的前后压降保持不变，来进行流量测量的仪器（图7.14）。这种流量计的结构简单，如果采用透明的玻璃管，就能够直接读取浮子的位置，从而确定测量的流量。另外，这种流量计不适用于含有固体的流体的测量，而且精确度也不高。

③ 叶轮式流量计。

叶轮式流量计也被称为涡轮式流量计，这是一种将叶轮安装在管路中，根据叶轮的转动次数求解流量的测量仪器（图7.15）。由于叶轮的旋转角速度与流量呈线性关系，所以这种流量计虽然结构简单，但可以进行高精度的测量。因此，这种仪表的使用范围广泛，从各种工业用途到家庭用的自来水表等都涵盖在内。另外，它不适用于含有固体的流体或高黏性流体的测量。

④ 电磁式流量计。

电磁式流量计通过线圈内的电流流动，在管

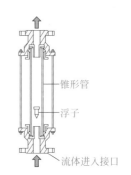

图7.14 采用浮子的
面积式流量计

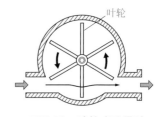

图7.15 叶轮式流量计

路中形成磁场，由于在磁场中流动的液体会产生与其电导率相应的电动势，通过测量电动势的大小就能够进行导电流体流量测量（图7.16）。这种流量计具有测量管路内没有阻碍流动的部件或可动部件、不会对流动造成影响以及维护保养的成本较低等特点。这种仪器的用途广泛，从大口径自来水管的流量到血管中血液的微小流量等都可以测量。

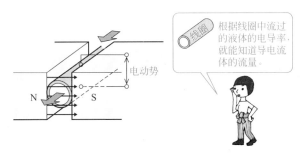

图7.16　电磁式流量计

⑤ 超声波流量计。

超声波是指超过人类听觉范围的高频率的声波，通常是指频率在20kHz以上的声波。声波的振动传播需要有固体、液体或者气体等媒介。但是，由于声波在这些媒介中的传播速度与电波相比是非常缓慢的，所以声波只适用于近距离测量时的信号源使用。超声波作为声源被用于流量计、测距仪、厚度计以及医疗用诊断装置等。

超声波流量计是将超声波驱动产生振动的探头分别可靠地安装在管路的两处，其中一个探头发射超声波，另一个探头用于接收超声波（图7.17）。发射的超声信号在液体中传播时会受到管路内的流体速度的影响。因此，通过接收到的超声波就可以检测出流体的微小变化，进而通过运算将测量到的变化值换算成流量。

图7.17　超声波流量计

（4）　流速的测量

① 浮标法。

测量流速时，我们首先想到的方法就是利用随流体一起运动的漂浮物（图7.18）进行测量。例如，通过测量漂浮物移动50m所花费的时间是多少，能够求解流速。因为这种测量仪器的结构简单，所以，适用于河流的流速测量等。但是因其测量的精确度不高，不适用于高速流动的流体测量。

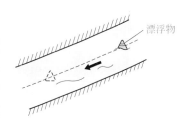

图7.18　采用漂浮物的流速测量

② 盐液示踪法。

盐液示踪法是在短时间内向管路内流动的水中加入盐液时，并在两个点之间测量变化的水的电导率的方法。这种方法与利用漂浮物的流速测量相同，也是用距离除以时间来求解流速（图7.19）。这种测量方法的实验装置简单，所花费的测量时间也不多，能够应用于水力发电站的水轮机的性能试验等。

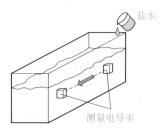

图7.19　盐液示踪法

③ 风车风速计。

风车风速计是利用放置在流体中的物体上的作用力来测量风速的，能够测量大约10 m/s的风速（图7.20）。

图7.20　风车风速计

从古至今，一直作为气象观察使用的鲁滨逊风速计也是采用同样原理的风速计（图7.21）。这是一种转杯式风速计，它将风杯顺向固定在十字架状棒的4个顶端，风杯和十字架状棒装在能够自由转动的轴上。由于产生的离心力较小，所以能够测量大约50 m/s的风速。

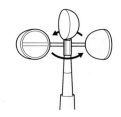

图7.21　鲁滨逊风速计

④ 叶轮式流速计。

叶轮式流速计是让流动的液体碰撞羽翼形的叶片并使叶轮转动，通过叶轮的旋转次数求解流速的仪器（图7.22）。这种流速计可以测量河流的流速和船舶的速度等，其结构比风速计更牢固。

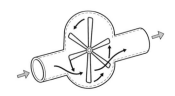

图7.22　叶轮式流速计

⑤ 皮托管。

皮托管的正面（图7.23中的A）和侧壁（图7.23中的B）都有小孔，将这些小孔都内置在分别获取气流压力的细管中，位于正面测量总压力的管叫总压管，位于侧壁测量静压力的管叫静压管。将皮托管放置在流体中，通过测量压力差的动压（＝总压－静压），求解得出风速。皮托管的适用范围广泛，能够实现

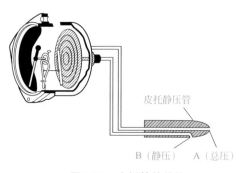

图7.23　皮托管的结构

从5m/s左右的风速到更高速的飞机速度等的测量（图7.24）。

⑥ 热线式风速仪。

当被加热的物体放置在空气中时，通过热辐射的作用逐渐冷却，经过一定的时间之后，温度就会降到与周围的空气温度相同。在这种场合中，如果有风吹的话，冷却速度就能够加快。由此，只要知道风速和冷却速度之间的关系，就可以作为风速计应用。

热线式风速仪是利用放置在流体中的高温物质的冷却作用进行风速测量的仪器（图7.25）。

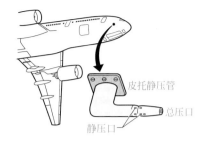

图7.24　飞机的速度测量

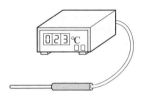

图7.25　热线式风速仪

（5）　液面的测量

① 钩形液位计。

钩形液位计是从液面的下面向上提起钩针，捕捉钩针突出液面瞬间的表面张力变化进行测量的仪器（图7.26）。因为这种测量仪器的测量原理和装置简单，所以广泛地应用于液面的测量。但是，不适用于液面的位置随时间有较大变动的液体。

在工业测量的场合，这种测量仪表作为连续自动化测量器具，可用于轮船重油、燃料以及饮用水等的储液槽的液面测量。

② 浮球式液位计。

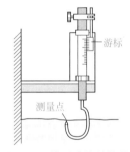

图7.26　钩形液位计的结构

浮球式液位计是使球形的浮标在储液槽的液体中漂浮，通过手柄机构将浮标的上下运动转换为回转运动，来测量液面位置的仪器（图7.27）。为了增加灵敏度，在应用球形漂浮物的场合，最好设计成浮球的一半恰好是沉浸在液面之下。

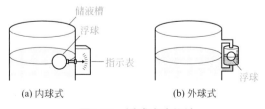

(a) 内球式　　　　　　(b) 外球式

图7.27　浮球式液位计

电容液位计是通过液面的上下运动引发极板之间的电容量变化来进行液面测量的仪器（图7.28）。由于这种仪器具有体积小、重量轻，而且结构简单的特点，所以液面测量所占用的空间小，不受储液槽形状的限制。这种仪器的测量不受波动、泡沫、漂浮物等的影响，同时在高温、低温、高压等严酷条件下也能进行测量。另外，也能用于高黏度液体的液面测量。

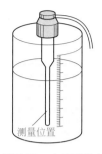

图7.28　电容液位计

③ 超声波液位计。

当超声波从液体射入气体或者从气体射入液体时，几乎所有的超声波脉冲都会被液面反射回来。

超声波液位计是通过测量换能器（探头）发出的超声波脉冲在遇到液面时被反射并且回到接收器所需的时间，进行液面测量的仪器（图7.29）。尽管声速随气温的变化有差异，需要校正装置，但是这比液体的种类和温度所造成的误差要小。

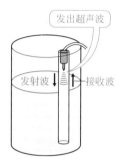

图7.29　超声波液位计

（6）　黏度的测量

① 旋转式黏度计。

旋转式黏度计是利用特殊的机构将作用在回转体上的黏性阻尼（转矩）进行表示的测量仪器（图7.30）。这种仪器不仅能在实验中使用，而且还用于涂料、胶黏剂、食品、化妆品、重油等的制造过程，以及有关黏度测量的质量控制等领域。

② 毛细管式黏度计。

毛细管式黏度计是通过测量一定量的液体向下流过细管的时间确定黏度的仪器。这种仪器主要用于油类液体的测量，按测量的原理分为以下几种类型。

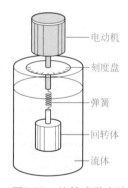

图7.30　旋转式黏度计

a. 奥斯特瓦尔德黏度计。

奥斯特瓦尔德黏度计的测量方法如图7.31所示，是将被称为样品的一定体积的流体装入左侧的玻璃管内，吸提要测量黏度的样品（液体）直到右管的顶端，测量液体的前端从b点到达a点所花费的时间。通常是温度越高，黏度越小，下降的时间越短。

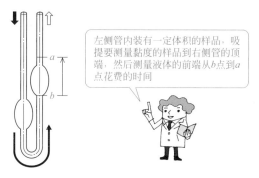

图7.31　奥斯特瓦尔德黏度计

b. 雷德伍德黏度计。

雷德伍德黏度计是按照英国石油标准规定的黏度测量方法而制造的测量仪器。加热装有水的外套筒，当内套筒装有的样品达到适当的温度之后就会开启阀门，测量样品只流出50 cm³所需的时间（s）（图7.32）。这一时间被称为雷德伍德秒。

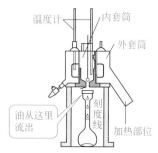

图7.32　雷德伍德黏度计

c. 赛博特黏度计。

赛博特黏度计是按照美国的材料试验标准制造的黏度测量仪器，分为润滑油用和燃料油用两种。在一定的温度下，测量样品（液体）只流出60cm³所需的时间（s）（图7.33）。这一时间被称为赛博特秒。

图7.33　赛博特黏度计

1833年前后，雷诺进行了水在管路内流动的一系列实验。这种实验装置是将水槽中的水引入到细玻璃管内，并在玻璃管的入口处注入红墨水，以便于观察水在管路内的流动状态（图7.34）。

$$Re = \frac{\upsilon d}{\nu} = \frac{\rho \upsilon d}{\mu}$$

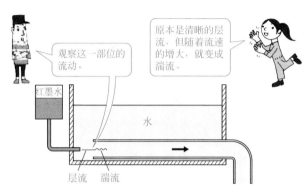

图7.34　雷诺的实验装置

当水的流速较小时，能够观察到墨水是与玻璃管的中心轴平行的直线。这就是层流的状态，为稳定而有规则的流动。然后，逐渐让其流速增加，在某一速度处，一条墨水的水流开始摇摆，流线不再清晰可辨。这就是湍流，相邻流层间既有滑动又有混合。如果再加大流速，墨水就会扩散得消失不见。

雷诺将在管路内流动的流体状态用雷诺数 Re 进行了定义。

式中，υ（m/s）是流体在管路内的流速；d（m）是管的直径；ν（kg/m³）表示流体的动黏度。另外，$\nu = \mu/\rho$（m²/s），μ（Pa·s）是黏度，ρ（kg/m³）是流体的密度。

雷诺数表示流体的流动状态，可以用惯性力与黏性力的比值进行定义。

通常雷诺数在2000以下的流动为层流，4000以上的流动为湍流。流动从层流向湍流转变时的雷诺数称为临界雷诺数，这一数值大约为2320。

当雷诺数较小时，流动状态受黏度的影响较大，大多数呈现层流状态。例如，人类的血液或蜂蜜等能感觉到黏性的液体都属于这一范畴。当雷诺数较大时，流动的状态受惯性的影响较大，大多数呈现湍流状态。例如，空气或水等基本上感觉不到黏性的液体的流动都处于这一范畴之内。

为了掌握飞机、汽车以及新干线等的空气动力特性，通常都会采用比例模型进行风洞试验（图7.35）。在这种试验中，如果模型的缩小比例和模型所承受的风压的缩小比例不一致，就无法模拟这种现象。在这种情况下，关键就是雷诺数。这也就是说，在风洞试验中，试验模型的雷诺数必须要与实际情况一致。

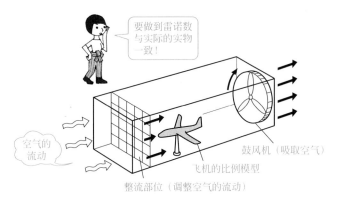

图7.35　风洞试验

习题

7.1 试简述密度的定义。

7.2 试简述相对密度的定义。

7.3 试列举两种压差式流量计。

7.4 通过位于管路内的节流部位的面积变化，保证节流部位前后的压力一致，从而进行流量计量的器具被称为什么？

7.5 试简述电磁式流量计的工作原理。

7.6 用于飞机速度测量的流速计称为什么？

7.7 试简述钩形液位计的工作原理。

7.8 黏度计按照原理大致分为两种，试说明具体的分类。

7.9 试简述层流和湍流。

7.10 在雷诺实验中，能够用数值表示层流状态向湍流状态的转变，这一数值称为什么？试给出这一数值的大小。

第**8**章

材料强度的测量

在机械设计中，掌握作用在机械的各零部件上的力，并熟知零部件的制作材料能够承受到何种程度的力是非常重要的。而且，新材料出现时，有必要从各方面分析材料的强度。在本章中，我们将学习分析材料强度的各种测试实验方法。

8-1

材料强度的基本知识

无论拉伸、压缩，还是冲击，承受能力都很强！

力学性能有拉伸和弯曲等各种指标。

❶ 力学性能有拉伸强度、硬度、冲击强度等。

❷ 通常的实验是按照JIS规定的实验方法进行。

(1) 材料的力学性能

材料的力学性能是指外加载荷作用于材料时，材料抵抗外加载荷的强度或硬度等力学特征。力学性能的评价指标有拉伸强度、压缩强度、硬度、脆性、韧性等，这是利用金属材料进行加工制造时最重要的性质。具体可用如下的试验进行评价。

(2) 试验的类型

① 拉伸试验。

拉伸材料试样，测量材料试件可以承受轴向拉伸载荷程度的强度试验 [图8.1 (a)]。

② 压缩试验。

压缩材料试样，测量材料试件可以承受轴向压缩载荷程度的强度试验 [图8.1 (b)]。

③ 剪切试验。

给材料试件施加剪切力，测量材料试件可以承受剪切载荷程度的强度试验（图8.2）。

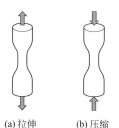

(a)拉伸　　　(b) 压缩

图8.1 拉伸试验和压缩试验

图8.2 剪切试验

测量压痕

测量反弹量

图8.3 硬度试验

④ 硬度试验。

通过用一定的试验载荷力将硬质的压头压入材料试件或产品的表面测量压痕，或者使重锤从一定高度落下测量重锤回跳的高度等方法，求解出硬度（图8.3）。

⑤ 冲击试验。

当用锤子等给材料试件施加冲击性载荷时，求解出材料试件在动负荷下抵抗冲击的性能（图8.4）。

⑥ 弯曲试验。

通过测定材料试件承受弯曲载荷的力学特性或者判断材料试件的变形程度，求解出弯曲强度（图8.5）。

⑦ 扭转试验。

当向棒状或者圆筒状的材料试件施加扭转转矩时，求解出材料试件抵抗转矩的强度和变形等力学特性（图8.6）。

图8.4　冲击试验

图8.5　弯曲试验

图8.6　扭转试验

⑧ 疲劳试验。

当给材料试件施加循环应力时，通过累积损伤引起的疲劳破坏等求解出疲劳强度（图8.7）。

⑨ 蠕变试验。

当长时间给材料试件施加恒温的恒应力时，求解出材料试样的拉伸强度、压缩强度、弯曲强度等（图8.8）。

施加循环载荷

图8.7　疲劳试验

长时间施加载荷

图8.8　蠕变试验

⑩ 金属组织检验。

利用光学显微镜等观察金属材料内部的晶粒大小、组织、损伤以及裂纹等（图8.9）。

用显微镜观察

图8.9　金属组织检验

⑪ 超声波探伤检验。

超声波探头放置在金属材料表面，使探头发出的超声波向金属材料内部传播，通过测量接收到被反射回来的超声波的时间，判断缺陷的大小和位置（图8.10）。

有关材料的试验一般有很多，而且并不是简单的测量。这是因为材料的试验不仅是单纯地进行物理量的测量，而且还要分析材料的性能，即要分析材料性能的优劣。材料的安全标准和试验方法都在JIS等相关标准中有详细的规定。

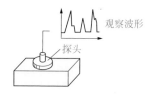

观察波形

探头

图8.10　超声波探伤检验

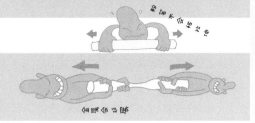

8-2

材料试验

一旦拉伸之后，就会知道材料的各种特性。

❶ 典型的材料试验就是拉伸试验。

❷ 基于载荷-伸长曲线能够获知材料的各种特性。

(1) 拉伸试验

拉伸试验是沿轴向拉伸试验件，测量直到试验件断裂的长度变化和相应的拉力，这是一种获得材料的屈服载荷相对于试验件形状变化的试验方法（图8.11）。这一试验能够确定材料的拉伸强度、屈服点、延伸率、收缩率等性能指标，因此它通常作为评价金属材料强度的试验使用。

通过置于拉伸试验机上的记录纸记录载荷和伸长之间的关系曲线（图8.12）。

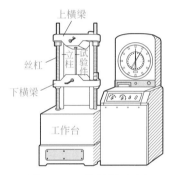

图8.11　万能材料试验机

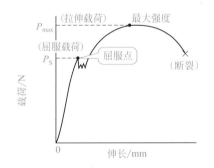

图8.12　载荷-伸长曲线

只有具有延伸性的韧性材料才会有这样的曲线（能否确认屈服点要因材料而异）。但是，如粉笔等不具有延伸性的脆性材料，不宜采用这样的试验。

在这种情况下，我们要按照JIS Z 2241中规定的《金属材料拉伸试验方法》进行试验。试验件是JIS Z 2201中规定的《金属材料拉伸试验件》的4号试验件（图8.13）。

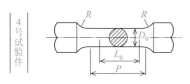

试验件的制作材料有铸铁、锻造钢、轧制钢、可锻铸铁、球墨铸铁、非铁金属（合金）的棒以及铸件

$L_0 = 50$ $P \approx 60$

$D_0 = 14$ $R = 15$以上

图8.13　拉伸试验件

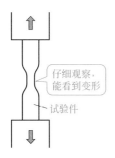

仔细观察，能看到变形

试验件

图8.14　试验的状况

拉伸试验的步骤如下所示。

① 试验件的准备。

a. 准备试验所需的试验件。

b. 用千分尺在两个相互垂直的方向上测量试验件的直径，求解出横截面积 A_0（mm^2）。

c. 设原始标距 L_0 为50mm，用小钢冲在试验件的标距内等间隔地轻轻敲打出小冲点。

② 拉伸试验。

a. 预测最大的拉伸载荷，确定测量的范围（测量仪器）。

b. 确认记录纸是否正常。

c. 进行试验件的装夹。

d. 操控速度控制旋钮，施加载荷。

e. 观察试验件的变形情况（图8.14）。

f. 试验件断裂之后，将速度控制旋钮复位。

g. 取下试验件和记录纸。

③ 试验后的处理。

a. 读取最大的拉伸载荷 P_{max}（N）。

b. 用游标卡尺测量断裂后的标距 L（mm）。

c. 用千分尺测量断裂后缩颈处的最小直径 D（mm），求解出断裂之后的横截面积 A_0（mm^2）。

④ 试验结果的处理。

a. 求材料的拉伸强度 σ（MPa）：

$$\sigma = \frac{P_{\text{max}}}{A_0}$$

b. 求材料的伸长率 δ（%）：

$$\delta = \frac{L - L_0}{L_0} \times 100\%$$

c. 求材料的收缩率 φ（%）：

$$\varphi = \frac{A - A_0}{A_0} \times 100\%$$

例题 8.1 低碳钢的拉伸试验（图8.15）

将用低碳钢（SS400）制成的原始标距部分直径为14.00mm的试件进行拉伸试验。施加44300N的载荷之后，仔细观察试件的屈服点，记录的最大载荷为78500N。在这种情况下，试件的标距由50.0mm变化到61.5mm，直径变为10.50mm。试求解这时的屈服应力、最大拉伸应力、伸长率、收缩率。

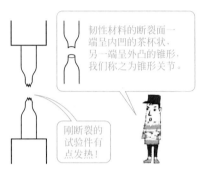

图8.15　低碳钢的拉伸试验

解：

（1）试件的横截面积

$$A_0 = \frac{\pi d^2}{4} = \frac{3.14 \times 14^2}{4} = 153.9 (\text{mm}^2)$$

（2）试件的屈服应力

$$\sigma_s = \frac{P_s}{A_0} = \frac{44300}{153.9} = 287.8 (\text{MPa})$$

（3）试件的最大拉伸应力

$$\sigma_{max} = \frac{P_{max}}{A_0} = \frac{78500}{153.9} = 510.1 (\text{MPa})$$

因为试验的结果数值大于SS400的最低拉伸强度400MPa，所以可知这种材料符合JIS标准的规定。

（4）试件的伸长率

$$\delta = \frac{L - L_0}{L_0} \times 100\% = \frac{61.5 - 50.0}{50.0} \times 100\% = 23\%$$

（5）试件的收缩率

断裂后的试件的横截面积

第8章　材料强度的测量

109

$$A = \frac{\pi d^2}{4}$$

$$= 3.14 \times \frac{3.14 \times 10.50^2}{4}$$

$$= 86.5 (\text{mm}^2)$$

$$\varphi = \frac{A - A_0}{A_0} \times 100\%$$

$$= \frac{153.9 - 86.5}{86.5} \times 100\%$$

$$= 77.9\%$$

（2） 压缩试验

压缩试验是测量材料可以承受压缩载荷程度的试验（图8.16）。可以认为压缩的试验方法是将拉伸试验载荷施加方向进行逆向处理。

铸铁、水泥以及混凝土等脆性材料会由于压缩试验力而出现损坏，但是像低碳钢这样的黏性材料无论怎样进行压缩都不会发生破坏。因此，对于脆性材料，主要测量压缩强度；而对于黏性材料，则主要测量拉伸的弹性系数或者屈服点。除此之外，包装货物或者容器的瓦楞纸等也要进行压缩试验。

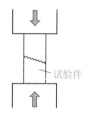

图8.16　压缩试验

（3） 弯曲试验

弯曲试验有三点弯曲和四点弯曲两种施加载荷的方式。在三点弯曲试验中，用两点支撑条状的试验件形成简支梁形式，并在试验件的中心点施加集中载荷，测量这种情况下力和挠度的关系等［图8.17（a）］。在四点弯曲试验中，用两点支撑条状的试验件形成简支梁形式，并在试验件的上方设置两个对称的加载点，测量这种情况下力和挠度的关系等［图8.17（b）］。

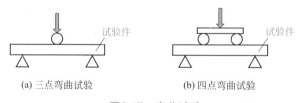

(a) 三点弯曲试验　　　　　　　(b) 四点弯曲试验

图8.17　弯曲试验

三点弯曲和四点弯曲的区别在于，三点弯曲试验的作用是使试验件上的弯矩呈现"对称分布"，四点弯曲试验的作用是使试验件上的弯矩呈现"均匀分布"。这种差异随着变形量的增加会越来越显著。

因为三点弯曲试验的试验方法和装置都很简单，所以通常采用这种方法，但在变形量较大的场合，采用四点弯曲试验就显得很重要。

（4）硬度试验

硬度是材料局部抵抗硬物压入其表面的力学性能之一。硬度没有物理学的定义，被作为工程量使用。通常，硬质的金属存在强度和耐磨性高，而伸长率和收缩率低这样的特点。因此，可以依据材料的硬度来推断金属的力学性能。将硬度进行数值化表示时，由于硬度定义的方法不同，就会得到各种不同的数值。在JIS标准中规定了4种硬度试验。

① 维氏（Vickers）硬度试验：HV。

维氏硬度试验是在一定载荷的作用下，将一个相对面间夹角为136°的正四棱锥体的金刚石压头压入被测量物的表面，通过测量被测量物表面上被压出的凹痕大小获取硬度（图8.18、图8.19）。在这种情况下，压痕越小，被测量物就越硬。由于这种试验的压痕小且压痕的测量误差较小，所以也能测量薄板等的硬度。

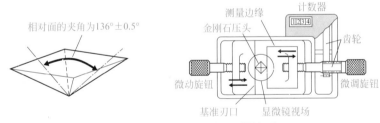

图8.18 金刚石压头和测量部分

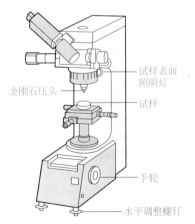

图8.19 维氏硬度试验机

② 布氏（Brinell）硬度试验：HBW。

布氏试验是用一定大小的试验载荷将钢球压入被测金属的表面，通过钢球形成的压痕大小测量硬度（图8.20、图8.21）。因为试验所施加的力大于其他的试验，所以能够准确地进行测量。在这种情况下，压痕越小表示被测量物越硬。

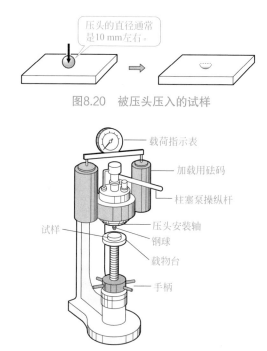

压头的直径通常是10 mm左右。

图8.20　被压头压入的试样

载荷指示表
加载用砝码
柱塞泵操纵杆
压头安装轴
试样
钢球
载物台
手柄

图8.21　布氏硬度试验机

③ 洛氏（Rockwell）硬度试验：HRB。

洛氏硬度试验是以一定大小的试验载荷将顶角为120°的金刚石压头压入被测物的表面，通过压头形成的压痕测量硬度（图8.22、图8.23）。在这种情况下，深度越浅表示被测物越硬。

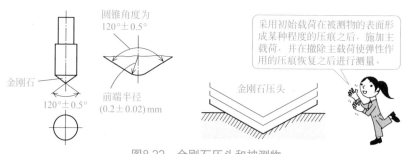

圆锥角度为120°±0.5°
金刚石
120°±0.5°
前端半径(0.2±0.02)mm

金刚石压头

采用初始载荷在被测物的表面形成某种程度的压痕之后，施加主载荷，并在撤除主载荷使弹性作用的压痕恢复之后进行测量。

图8.22　金刚石压头和被测物

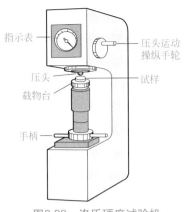

图8.23 洛氏硬度试验机

④ 肖氏（Shore）硬度试验：HS。

肖氏硬度试验是使带有金刚石的小锤头自由落到被测物体的表面上，通过小锤头的回跳高度测量硬度（图8.24）。在这种试验中，小锤头的回跳高度越高，则表示被测物体越硬。因为这种试验成本低廉而且搬运也容易，所以是硬度试验中最常用的方法。由于这种试验基本上不会使试验材料出现凹痕，所以现场的产品检验等也能够采用这种方法。

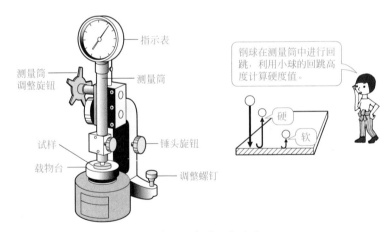

图8.24 肖氏硬度试验

典型的硬度测量方法可以通过对照表查取硬度值，但由于这只是与有限的材料相关的数据，所以是一个粗略的方法。另外，硬度试验不仅用于金属材料，也能用于食品（如鱼糕和果冻等）的筋道劲等的测量。

（5）冲击试验

冲击试验是测量材料对动态冲击载荷的抵抗能力的试验，由此能够获得材料的柔韧强度（韧性）和脆度（脆性）。通常硬性材料缺乏韧性，呈现脆性。常用的冲击试验一般是夏比冲击试验。

① 夏比冲击试验。

夏比冲击试验是让试验机的摆锤落下进行冲击，使试样沿缺口被冲断，利用摆锤冲断试样前后的高度差计算试样的吸收功（图8.25、图8.26）。夏比冲击值等于冲断试样所需的能量（J）除以试样缺口处的横截面积（cm²）（图8.27）。夏比冲击值越大，材料的韧性越强。

$$夏比冲击值 = \frac{冲断试样所需的能量}{试样缺口处的横截面积} \quad (\text{J/cm}^2)$$

冲断试样所需的能量 E 用下式算出（图8.28）

$$E = WR(\cos\beta - \cos\alpha)$$

式中　W——摆锤质量所形成的载荷，N；

　　　R——摆锤的回转中心到重心 G 的距离，m；

　　　α——摆锤冲断试样前扬起的最大角度，(°)；

　　　β——摆锤冲断试样后升起的最大角度，(°)。

因此，冲击能量 E 可以用摆锤提升时具有的势能和冲断试样后摆锤所具有的势能之差进行表示。

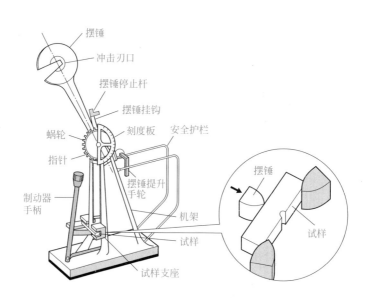

图8.25　夏比冲击试验机

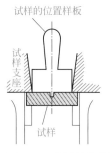

图8.26　试样的位置

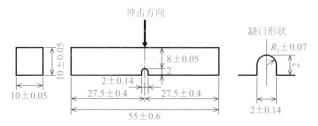

图8.27　金属材料的冲击试样

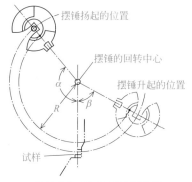

图8.28　冲击试验示意图

② 夏比冲击试验的步骤。

a. 冲击试验。

● 准备好试验所需的试样。

● 确认摆锤处于正确的位置。

● 旋转摆锤的提升手轮，将摆锤缓慢地扬起到120°。

● 使摆锤自由落下，给试样施加冲击载荷。

● 逐渐施加制动，停止摆锤的运动。

● 读取指针，进行记录。

b. 试验结果的分析。

● 求出试样被冲断所需的能量

$$E = WR(\cos\beta - \cos\alpha)$$

● 计算出试样缺口部位的横截面积 A（cm²），通过 E/A 求解出夏比冲击值 ρ（J/cm²）。

8.2 钢的夏比冲击试验

进行钢（S45C）的夏比冲击试验时，设摆锤的升起角度为100°。钢材进行热处理之后，摆锤的升起角度变成115°。试求解出两种情况下的夏比冲击值。

另外，设摆锤的质量为250N，摆锤的重心到回转中心的距离为0.65m，摆锤的扬起角度为120°，试样的有效横截面积为0.8cm²。

解：

已知夏比冲击值为

$$\rho = E/A$$
$$E = WR(\cos\beta - \cos\alpha)$$
W=250N，R=0.65m，α=120°，A=0.8cm²

① 当摆锤的升起角度为100°时（图8.29）：

$$\beta = 100°$$
$$E = 250 \times 0.65 \times (\cos100° - \cos120°)$$
$$= 250 \times 0.65 \times [-0.174 - (-0.5)]$$
$$= 250 \times 0.65 \times 0.326 = 52.975$$
$$= 53.0$$

夏比冲击值为 $\rho = E/A = 53.0/0.8 = 66.3$（J/cm²）。

② 当摆锤的升起角度为115°时（图8.30）：

$$\beta = 115°$$
$$E = 250 \times 0.65 \times (\cos115° - \cos120°)$$
$$= 250 \times 0.65 \times [-0.423 - (-0.5)]$$
$$= 250 \times 0.65 \times 0.077 = 12.5125$$
$$= 12.5$$

夏比冲击值为 $\rho = E/A = 12.5/0.8 = 15.6$（J/cm²）。

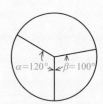

图8.29　升起角度1

图8.30　升起角度2

　　淬火的主要目的是增加钢的硬度。正如试验所示的那样，通过淬火处理，虽然钢的硬度增加，但夏比冲击值变小。这也就是说，钢变得既硬又脆。这是因为钢内部存在的碳被强制固溶，晶格发生畸变，在材料的内部产生应力。为了改善这种状况，通常要进行回火处理，即用适当的温度加热钢材之后进行冷却的方法。通过回火处理，钢的韧性可得到恢复。

习题

8.1 试按照不同的材料力学性能，分析对应的试验。

① 当给试样施加拉伸载荷时，分析试样能承受多大载荷的试验。

② 当给试样施加压缩载荷时，分析试样能承受多大载荷的试验。

③ 当给试样施加剪切载荷时，分析试样能承受多大载荷的试验。

④ 当给试样施加弯曲载荷时，分析试样能承受多大载荷的试验。

⑤ 当给试样长时间施加相同应力时，分析试样能承受多大载荷的试验。

8.2 在拉伸试验中，载荷与伸长之间的比例关系不再成立的点称为什么点？

8.3 硬度试验按照试验的方法分为两类，试列举4种具体的试验名称。

8.4 如何能够求出夏比冲击值？

8.5 在韧性材料和脆性材料中，哪种材料的夏比冲击值较大？

8.6 为了将既硬又脆的材料转变为既硬又韧的材料，最好采用什么方法？

第 **9** 章

角度和形状的测量

　　产品制造过程中的形状测量不仅限于长度测量，而且还包含角度、直线度、平面度以及圆度等的测量，利用这些测量可以提高制造的精度。另外，还有单独对螺纹和齿轮等机械零件进行测量的专用测量仪器。在本章中，我们将深入细致地学习有关产品制造的测量。

9-1

角度的测量

角度测量会使产品制造的效果更好。

❶ 角度的单位是弧度。
❷ 角度的测量可以使用直角尺和正弦曲线板等。

(1) 角度的单位

在国际单位制（SI单位制）中，角度的单位是弧度。另外，度（°）和分（′）以及秒（″）也经常使用。角度可以用分割圆周所对应的中心角或者长度与长度的比值表示。1°是指将圆周进行360等分的弧对应的中心角的角度。弧度和度之间的关系用下式表示：

$$1\text{rad} = \frac{360°}{2\pi} = 57.29578° = 57°17'44.8''$$

$$1° = \frac{\pi}{180}\text{rad} = \frac{1}{57.29578}\text{rad} = 1.745329 \times 10^{-2}\text{rad}$$

$$90° = \frac{\pi}{2}\text{rad}, 180° = \pi\text{rad}, 360° = 2\pi\text{rad}$$

(2) 角度的基准

① 角度规。

在长度的测量中使用量规，在角度的测量中可使用角度规，具体有如下的几种类型。

约翰逊式角度规是采用尺寸大约为50mm×20mm×1.5mm（2in×3/4in×1/16in）的淬火钢组成85块组或者49块组的角度量块，形成角度样板规（图9.1）。85块组样板规的角度在0°～10°和350°～360°范围内的分度间隔按1°设定，在10°～350°范围内的间隔按1′设定。49块组样板规的角度在0°～10°和350°～360°范围内的分度间隔按1°设定，在10°～350°范围内的间隔按5′设定。角度规的角度精度为±12″。

NPL式角度量块是一种楔子状的量块组，由测量面为39mm×16mm的淬火钢以12个量块（角度为1°、3°、9°、27°、41°、1′、3′、9′、27′、6″、18″、30″）为组构成（图9.2）。通过量块的组合，能够组成角度间隔为6″～81°的任意角。

角度的精确度为2″～ 3″。这种量规的测量范围比约翰逊式角度规更广泛。另外，这种样板量块不仅能进行加法组合，而且还能进行减法组合，因此，具有量块组数量少的优点。NPL是英国National Physical Laboratory（国立物理学研究所）的简称。

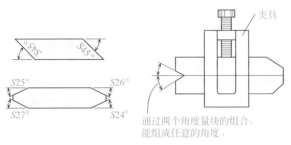

图9.1　约翰逊式角度规

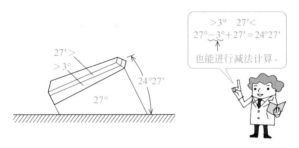

图9.2　NPL式角度量块

② 多边形棱镜。

多边形棱镜是指利用侧面具有光学反射性的金属或者玻璃组成多面体，各个侧面所形成的都是标准角度的角度基准器（图9.3）。棱镜的形状有8面或12面等，作为自动准直仪的辅助工具，用于分度角的精度测量等。

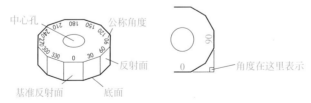

图9.3　多边形棱镜

（3）　**角度的测量**

① 量角器。

量角器是我们日常生活中常见的角度测量器。其类型有作为制图工具等使用的塑料制的量角器、不锈钢制的带有手柄的量角器等（图9.4）。

(a) 塑料制　　　　　　　　　(b) 不锈钢制（带手柄）

图9.4　量角器

② 直角尺。

直角尺是用来测量直角的标尺，也被称为角尺。

在JIS标准中，这种标尺的精确度是用垂直度、直线度以及平行度等进行规定的，尺的类型或形状按照使用面可分为刃口型、I型以及平面型等（图9.5）。

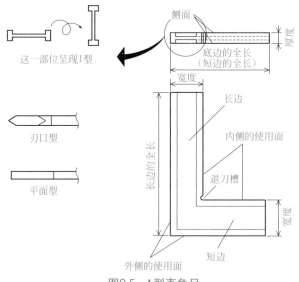

图9.5　I型直角尺

③ 正弦量规。

正弦量规是利用直角三角形的高度和斜边之比进行角度测量的器具。它在具有测量面的本体两侧安装了2个滚轮，在JIS标准中严格地规定了两滚轮中心距离l的精度（图9.6）。这一长度被称为公称尺寸，在JIS标准中规定有100mm和200mm两种。

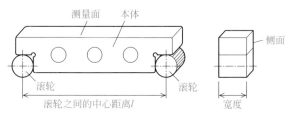

图9.6　正弦量规的构成

正弦量规的测量原理说明如下。如图
9.7所示，直角三角形的角度α与边长之间
的关系可以用下式表示：

$$\sin \alpha = \frac{b}{c}$$

因此，通过α=arcsin（b/c），能够求出
角度。

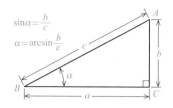

$$\sin\alpha = \frac{b}{c}$$
$$\alpha = \arcsin\frac{b}{c}$$

图9.7　直角三角形的角度和边长的关系

由于c边的长度是相当精确的，为100mm或200mm，所以只需测量高度尺寸
b，就能求出角度。

在实际的测量中，高度b的测量如图9.8所示，是利用量块的研合形成高度尺
寸进行计量。

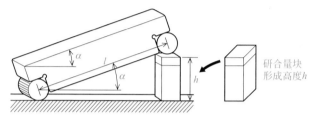

研合量块
形成高度h

图9.8　实际使用的正弦量规

9.1 采用正弦量规，求出图9.9所示形状的试件的倾斜角度。

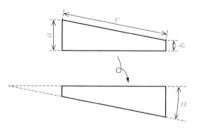

图9.9　试件的倾斜角度

解：
倾斜角度的求法如图9.10所示。
①用游标卡尺测量试件的各部分长度a、b、c。
②利用下式，计算量规的高度h。

$$\frac{a-b}{c} = \frac{h}{l}, h = \frac{l(a-b)}{c}$$

③采用所需的量块进行研合形成高度尺寸h，放入工作平台和正弦量规之间。

④ 将试件放在正弦量规之上，进而在试件上放千分表，使试件的两端都处于指针相同的水平状态。

⑤ 分析测量的结果。

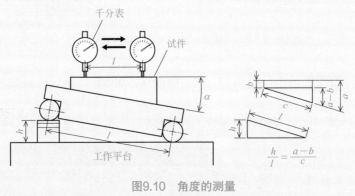

图9.10　角度的测量

当试件的角度大于45°时，因为正弦量规的测量误差变大，所以不能使用。当角度为45°以上时，使用的特殊正弦量规有图9.11所示的形状。

④ 圆柱量规。

对V形槽进行角度测量时，采用高精度制造的圆柱量规（图9.12）。

角度计算方法如下。

● 预先已知两个圆柱量块的直径。

● 将两个圆柱量块放入V形槽内，分别测量出各自的高度H和h，代入下式求出V形槽的角度。

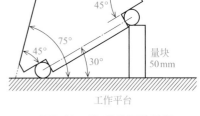

图9.11　45°特殊正弦量规

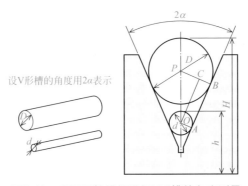

设V形槽的角度用2α表示

图9.12　采用圆柱量规进行V形槽的角度测量

$\sin \alpha$ 的推导方法：

$$\sin \alpha = \frac{PB - OA}{PO} = \frac{\dfrac{D}{2} - \dfrac{d}{2}}{\left(H - \dfrac{D}{2}\right) - \left(h - \dfrac{d}{2}\right)}$$

$$= \frac{D - d}{(2H - D) - (2h - d)}$$

$$= \frac{D - d}{2(H - h) - (D - d)}$$

将上式求出的角度 α 乘以 2，就能求出 V 形槽的角度。

9-2
形状的测量

只用标尺无法实现表面粗糙度的测量。

❶ 形状由直线度、平面度以及圆度确定。

❷ 表面粗糙度有轮廓最大高度、轮廓不平度十点高度以及轮廓算术平均偏差等表示方式。

(1) 直线度

① 直线度的定义。

直线度是指单一的实际直线与几何学平面的偏差量大小。如果机床的导轨面或工作平台的直线度无法保证，那么机床所生产的零件的直线度也就无法保证，因此，直线度在零件的制造过程中是非常重要的。

② 直线度的表示方法。

直线度是实际的直线偏离理想直线的程度，用mm或μm等长度单位表示具体的偏离量。直线度有如下四种表示方法。

a. 给定方向上的直线度的表示方法。当用垂直于给定方向上的两个几何学的平行平面恰好包络这一直线时，两平行平面的最小间隔f就表示直线度的公差值（图9.13）。

b. 给定两个垂直方向上的直线度的表示方法。当用与给定两方向垂直的两组相互平行的几何学平面恰好包络这一直线时，两组平行平面的最小间隔表示直线度的公差值（图9.14）。

c. 在任意方向上的直线度的表示方法。当用几何学的圆柱体恰好包络这一直线时，圆柱体的最小直径ϕf就表示直线度的公差值（图9.15）。

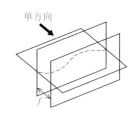

图9.13　给定单方向上的直线度

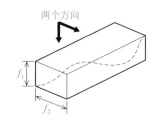

图9.14　给定两相互垂直方向上的直线度

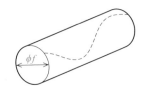

图9.15　任意方向上的直线度

d. 在给定平面内直线形体的直线度的表示方法。当两个几何学的平行平面恰好包络这一直线时，两个平行平面的最小间隔 f 就表示直线度的公差值（图9.16）。

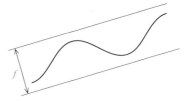

图9.16　给定平面内的直线度

③ 直线度的测量。

最简单的直线度测量方法是将直尺放置在测量面上，观察直尺与测量面之间是否有光线泄漏（图9.17）。因为这种方法是基于视觉的测量方法，所以虽然能够知道是否有缝隙，但不能求解出缝隙的具体尺寸。

为了测量缝隙的尺寸，可以利用千分表或电动测微仪等测量器具。这种测量方法是通过使安装在支架上的测量器具在工作平台上进行移动，将被测量物分成多个区间，进行直线度测量。

图9.17　采用直尺进行直线度的测量

除此之外，更精密的测量方法有使用自准直仪、激光干涉仪以及轮廓形状测量仪等进行直线度测量的光学测量方法。这些仪器中的一部分内容已经在第2章长度的测量中做过介绍。

（2）　平面度

① 平面度的定义。

平面度是指被测实际表面与几何学上的理想平面之间偏离的程度。这种平面误差是实际直线与理想直线的偏差程度，是更广范围的误差程度。

② 平面度的表示方法。

平面度是使两个理想的几何学上平行的平面恰好包络被测实际表面，当两个几何学上平行平面的间隔最小时，用mm或μm等长度单位表示平面度的公差值。

例如，平面度的公差范围为0.05mm是指两平行平面之间的距离为0.05mm，可以用图9.18所示的制图符号来表示。

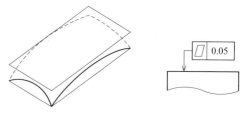

图9.18　平面度和其制图符号

③ 平面度的测量方法。

水平仪是一种通过气泡的移动测量小角度的常用量具，也可以应用于平面度的测量（图9.19）。水平仪的灵敏度用气泡每移动一个刻度（一般2mm）所对应的倾斜量表示。水平仪的倾斜量用角度（″）表示，1″等于4.08481×10^{-6}rad。

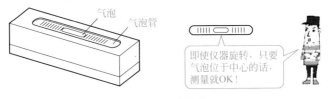

图9.19　水平仪

如图9.20所示，将使用的水平仪放置在工作平台上，读取此时气泡的刻度大小，然后将水平仪反转180°置于同一位置，再读取其刻度大小。如果旋转前后的气泡位置读数相同，就能够表示水平仪底座与气泡管之间的相互关系是正确的。当将水平仪反转时，旋转前后的气泡位置同向移动，就证明工作平台的水平有问题。另外，当将水平仪反转时，旋转前后的气泡位置相向移动，表明水平仪底座的水平有问题。

图9.20　仪器反转存在问题时的刻度

在进行平面度测量时，如同直线度测量所论述的那样，可以使用千分表和电动测微仪等测量器具。另外，可以应用自准直仪和光学平板等通过光学的方法进行测量。

虽然是平面度的测量，但由于采用多点的测量方法，所以基本上与直线度的测量方法无差别。测量线的选取方法有井字形法和对角线法等（图9.21）。

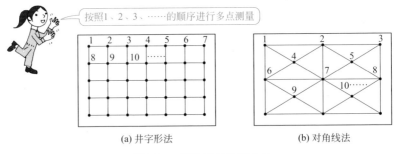

图9.21　测量线的选取方法

另外，自准直仪和光学平板等内容在第2章长度的测量中已经进行了介绍。

（3） 圆度

① 圆度的定义。

圆度是指被测圆形零件实际的圆与理想的几何学上的圆偏离的程度。

② 圆度的表示方法。

圆度是用几何学上同心的两个圆包络实际的圆时，同心圆之间间隔的最小值，用 mm 或 μm 等长度单位表示两个圆的半径之差。

例如，圆度的公差范围 0.02mm 是指两个包络圆的半径之差为 0.02mm，可用图 9.22 所示的制图符号来表示。

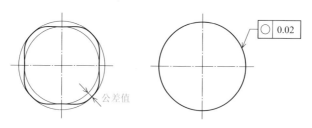

图9.22　圆度和其制图符号

③ 圆度的测量。

a. 圆度测量仪是测量被测物体在半径方向上凹凸的器具，用于球或轴等的几何形状评价（图9.23）。这种测量器具是通过位移传感器的测量探头与固定在回转台上的被测物体接触来测量物体轮廓形状的。这种测量方法称为回转轴法，在 JIS 标准中也有规定。

圆度测量的结果并不是罗列测量数据，而是采用图形记录进行表示（图9.24）。测量数据分析的方法之一是最小区域法。这是以包容被测圆轮廓的半径差最小的两同心圆的半径差作为圆度误差的方法。目前，已经出现了能够自动读取数据、自动绘制图形的测量仪器。

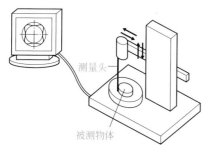

图9.23　圆度测量仪

图9.24　图形记录的示例

b. 两点法是使用千分尺等多次测量某横截面的直径，用截面上的各个直径间的最大差值的一半表示圆度误差的方法（图9.25）。

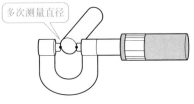

多次测量直径

图9.25　两点法

这种测量方法的缺点如图9.26所示，对那种具有饭团形状的等直径物体进行测量时，将无法测出等直径变形圆的圆度。也就是说，只靠两点间的尺寸，将无法提供表示机械零件形状的准确信息。

在两点测量的方法中，无论测量哪个位置，结果都是2R

不可思议的形状

在点1、2、3处接触

图9.26　等直径变形圆

图9.27　三点法

c. 三点法是将被测物体放置在V形块上，使用测微器进行测量的方法（图9.27）。这种方法会因为V形块的角度而改变测量值，所以只采用一个角度无法准确测量圆表面的凹凸。

三点法在理论上最适于测量被测物体半径。在测量时，使被测物体在V形块中回转一周，并从测微仪中读出最大示值和最小示值，两示值差的一半即为被测物体外圆的圆度误差。

专栏　平板三面互研法 ···

当存在平面度无法确定的两个平面A和B时，我们无法判定这两个平面的平面度。但是，如果再有一个未知平面度的平面C，通过A和B、B和C、C和A的相互交替研磨检验，在三块平板互研显示接触情况都良好的情况下，就可以认为这三块平板的平面度都已获得保证，这是一种通过接触斑点检验的方法。这种方法称为平板三面互研法（图9.28）。

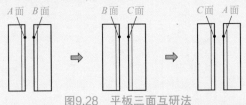

A面　B面　　　　B面　C面　　　　C面　A面

图9.28　平板三面互研法

事实上，工匠仅仅依靠经验和直觉通过刮研就能够使3个平面都平滑，制造出高精确度的平面，形成高平面度的平台面。即使是现在的机械制造平台质量，也还是比不上工匠手工制作的最高精度的平台。

（4）　圆柱度

① 圆柱度的定义。

圆柱度是指实际的圆柱面与理想的几何学圆柱面的偏离程度。

② 圆柱度的表示方法。

圆柱度是当实际的圆柱体被两个几何学圆柱体包络时，两个圆柱体的半径差的最小值，用mm或μm等长度单位表示两个圆柱体的半径差。

例如，圆柱度的公差范围0.05mm是指两个包络圆柱体的半径之差为0.05mm，可用图9.29所示的制图符号来表示。

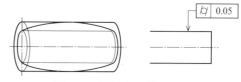

图9.29　圆柱度和其制图符号

③ 圆柱度的测量。

圆柱度测量仪是测量被测的圆柱体垂直于轴方向的任一截面凹凸程度的器具。圆柱度的测量结果可以用如图9.30所示的图形记录表示。

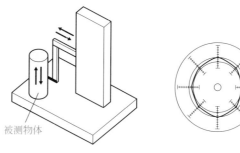

图9.30　圆柱度测量仪和图形记录

现场常用的方法是将被测的圆柱体放置在V形块上，在使圆柱体转动的同时，用千分尺等测量多处圆柱部分直径的方法。

（5）　表面粗糙度

① 表面粗糙度的基础。

经过加工的物体表面可以用光滑、闪光、粗糙以及凹凸等语言形象地表述。为了从工程学的角度将上述形容通用化，需要将这种物体表面的凹凸程度用数值进行表示，而不是凭人的感觉去表示（图9.31）。为什么需要这样做呢？这是因为加工零件表面的凹凸程度对最终产品的可靠性、密封性以及能耗等性能有影响。

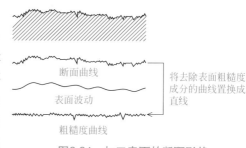

断面曲线

表面波动

将去除表面粗糙度成分的曲线置换成直线

粗糙度曲线

图9.31　加工表面的断面形状

a. 轮廓算术平均偏差（Ra）。

粗糙度曲线是通过将加工表面用垂直于表面的假想横截面进行切割，并将其断面放大所形成的断面曲线中，去除比所取的长度更长的表面波动的成分所得到的曲线。

所谓的轮廓算术平均偏差是从粗糙度曲线中提取出取样长度*l*，以偏差绝对值的平均线为轴线进行波谷的反转，并用得到的斜线部分的面积除以取样长度而得出的商值，用μm表示（图9.32）。

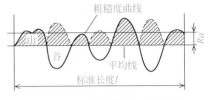

图9.32　轮廓算术平均偏差

$$Rz = \frac{|Y_{p1} + Y_{p2} + \cdots + Y_{p5}|}{5} + \frac{|Y_{v1} + Y_{v2} + \cdots + Y_{v5}|}{5}$$

在轮廓算术平均偏差中，为了去除表面波动的成分，将预先截取的波长称为截取长度。通过截取长度的选取可以去除长波长和短波长的成分。在表面粗糙度的评价中，使用的评价长度与截取长度相同，为取样长度的5倍。

轮廓算术平均偏差可用表9.1所示的标准数列表示，规定了与之相应的截取长度和取样长度。

表 9.1　轮廓算术平均偏差的标准数列

Ra 的标准数列 /mm	截取长度 /mm	取样长度 /mm
0.012	0.08	0.4
0.012 0.050 0.100	0.25	1.25
0.20 0.40 0.80 0.160	0.8	4
3.2 6.3	2.5	12.5
12.5 25 50	8	40

注：标准数列的数值是公比为2的数列（选自 JIS B 0601:2001）。

b. 轮廓最大高度（$R_{\max}$）。

轮廓最大高度是从粗糙度曲线中提取取样长度，在粗糙度曲线的纵向上测量波峰和波谷之间的最大距离差，用μm表示（图9.33）。

$$R_{\max} = R_p + R_b$$

c. 轮廓不平度十点高度（Rz）。

轮廓不平度十点高度是从粗糙度曲线中提取取样长度，测量5个通过最高波峰的顶点的平行线与5个通过最低波谷的谷点的平行线之间的距离，将测量的距离平均值用μm表示（图9.34）。

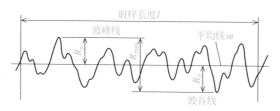

图9.33　轮廓最大高度

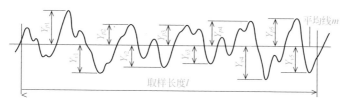

图9.34　轮廓不平度十点高度

② 表面粗糙度的图示方法。

在JIS中规定了表示物体的表面状态的指示符号，如图9.35所示。这是对称地画60°夹角的折线，在图形中采用符号和数值进行标记。在轮廓算术平均偏差（Ra）中，标记是从标准数列中选取的符号（图9.36）。

符号	含义
	表示表面可用任何方法获得（用60°夹角的长短折线表示）
	表示表面是用去除材料的方法获得（基本符号上加一短线）
	表示表面是用不去除材料的方法获得（基本符号上加一内切圆）

(a) 粗糙度的标记符号

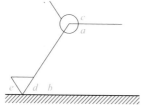

当所有表面具有相同的表面粗糙度要求时，可通过添加一小圆表示

a—测量范围或取样长度，粗糙度间距参数值
b—当要求多个参量时，第2个以后的参量
c—加工方法
d—加工纹理方向符号
e—加工余量

(b) 粗糙度的标记符号含义

图9.35　物体的表面状态的指示符号

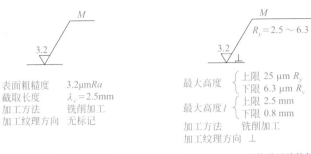

表面粗糙度	$3.2\mu mRa$
截取长度	$\lambda_c = 2.5mm$
加工方法	铣削加工
加工纹理方向	无标记

(a) 轮廓算术平均偏差的标注

最大高度 $\begin{cases} 上限 & 25\ \mu m\ R_y \\ 下限 & 6.3\ \mu m\ R_y \end{cases}$

最大高度 l $\begin{cases} 上限 & 2.5\ mm \\ 下限 & 0.8\ mm \end{cases}$

加工方法　铣削加工
加工纹理方向　⊥

(b) 轮廓算术平均偏差以外的标注

图9.36　粗糙度标记符号的标注方法示例

当标注的标准粗糙度值为截取长度的标准值或者处于取样长度的标准所对应的粗糙度范围内时，这些标注可以省略。

③ 表面粗糙度的测量。

触针式测量法是使触针一直接触被测表面，通过电气方式或光学方式记录触针移动时的上下运动（图9.37）。这种表面粗糙度测量方法的触针材料采用的是高耐磨性的金刚石，针头的具体形状等在JIS中有规定。

近年来，出现了利用非接触式的光学探头的测量仪器。这种测量方式的特点是无触针的摩擦、维护简单、测量精度高等。另一方面，由于被测物体材质的反射或被测表面凹凸的过度敏感等问题，所以需要慎重地操作。

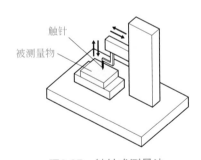

图9.37　触针式测量法

（6）　形状的测量

① 万能投影仪。

万能投影仪是利用投影镜头或反射镜，以准确的倍率将被测量物放大投影到屏幕的测量仪器，能够将被测量物的轮廓和表面状态的测量和检查结果在二维空间表示（图9.38）。

屏幕的有效直径比较大的为600mm左右，放大倍率通常为10~100倍。

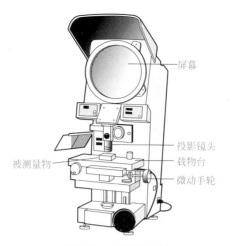

图9.38　万能投影仪

② 三坐标测量仪。

　　三坐标测量仪是将测量仪的左右方向作为x轴，前后方向作为y轴，上下方向作为z轴，测量物体的尺寸和形状的仪器（图9.39）。这种仪器的多方位测量精度好，能利用计算机进行数据的处理和记录。

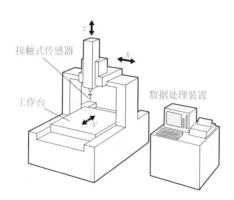

图9.39　三坐标测量仪

习题

9.1　如在长度测量中使用量规，在角度测量中也使用角度规，试问都有什么样的角度规。

9.2　试问正弦量规是什么样的角度测量器。

9.3　测量 V 形槽的角度使用什么器具？

9.4　试简述直线度的定义。

9.5　试简述平面度的定义。

9.6　试简述圆度的定义。

9.7　试说明三点法的测量原理和缺点。

9.8　试简述圆柱度的定义。

9.9　试列举 3 种典型的表面粗糙度。

9.10　使触针一直接触被测物体的表面并移动，通过电信号方式记录触针移动时的上下运动的表面粗糙度测量方法称为什么方法？

第 **10** 章

机械零件的测量

　　如果不能制造出适当尺寸的螺纹和齿轮等机械零件，那么通过这些零件装配的各种机械设备就无法进行适宜的运动。当加工这些机械零件时，需要进行尺寸测量，即使是通过产品目录订购的标准件也需要进行测量，以确定这些零件的尺寸是否合适，这一点非常重要。在本章中，我们将复习有关机械零件的基础知识，同时掌握机械零件的测量方法。

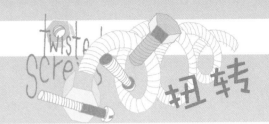

10-1
螺纹的测量

为了使机械设备正常运转，需要准确地测量螺纹的尺寸。

❶ 螺纹直径的表示方法有外径、内径、有效直径等。
❷ 螺纹有效直径的测量采用三针测量法和各种量规。

(1) 螺纹的基础

螺纹是典型的机械零件，被广泛应用于物体的连接和运动的传递，以及测量仪器的调整等领域。

螺纹直径的表示方法有外径、内径、有效直径等（图10.1）。有效直径是指母线在螺纹牙型上的凸起和沟槽两者宽度相等的假想圆柱体直径。另外，螺纹的螺距是指相邻的螺纹牙型之间的距离。在大多数情况下，将螺纹外径作为选择螺纹的公称尺寸，但是在分析螺纹咬合的准确性时，有效直径或螺距等也是重要的参考数据。

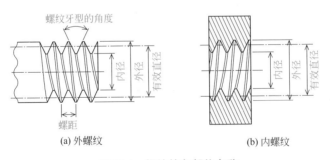

(a) 外螺纹   (b) 内螺纹

图10.1　螺纹的各部位名称

典型的螺纹类型有普通螺纹中常用的三角形螺纹，主要用于动力和运动传递的矩形螺纹和梯形螺纹，以及灯泡的螺口等要求装卸容易的情况下使用的圆弧螺纹［图10.2（b）］。

在机械零部件装配的场合，可以采用螺栓和螺母进行零部件的连接。图10.2（c）所示的六角螺栓和六角螺母就是最具代表性的螺纹件。另外，标准的小螺钉采用的是公制普通螺纹，最具代表性的是十字槽螺钉［图10.2（d）］。通过加工内螺纹或螺母进行紧固。

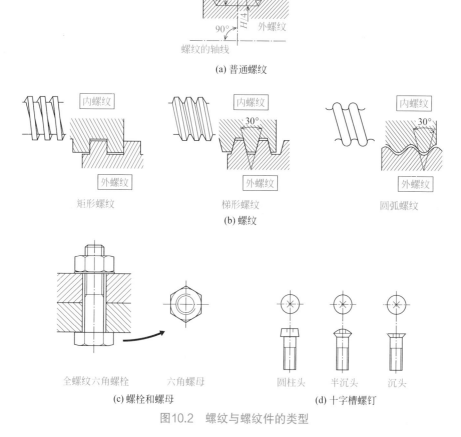

(a) 普通螺纹

矩形螺纹　　　　梯形螺纹　　　　　　圆弧螺纹

(b) 螺纹

全螺纹六角螺栓　　六角螺母　　　　圆柱头　半沉头　沉头

(c) 螺栓和螺母　　　　　　　　　(d) 十字槽螺钉

图10.2　螺纹与螺纹件的类型

　　小螺钉的特点是只需要很小的拧紧转矩，并且可以重复使用。另外，螺钉的头部形状有圆柱头、半沉头、沉头等类型。

(2) **螺纹的测量**

① 用外径千分尺测量。

使用外径千分尺可以测量螺纹的外径（图10.3）。

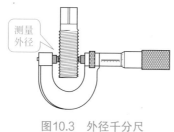

测量外径

图10.3　外径千分尺

② 用螺纹千分尺测量。

螺纹千分尺是用来测量螺纹有效直径的专用千分尺（图10.4）。

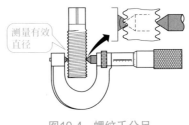

图10.4　螺纹千分尺

③ 用螺纹牙型卡板测量。

螺纹牙型卡板是一组具有各种螺纹牙型的量规，通过挑选适宜牙型的量块能进行牙型测量（图10.5）。

图10.5　螺纹牙型卡板

④ 用三针测量。

在测量外螺纹的有效直径时，将3根相同直径的高精度的针状量块放置在螺纹凹槽内进行测量的方法称为三针测量方法。

具体的测量方法如下所示。

a. 3个针状量块贴紧螺纹的凹槽内壁（图10.6）。

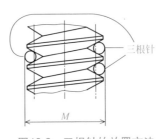

图10.6　三根针的放置方法

b. 用千分尺夹紧三根针，测量外径的尺寸 M（图10.7）。

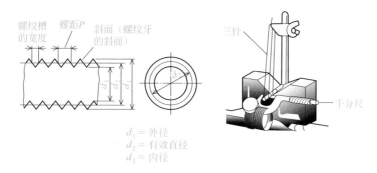

图10.7　实际的测量

c. 将测量结果代入下式，求解出外螺纹的有效直径。

$$d_2 = M - 3d + 0.866P$$

式中，M 为测量值；d 为三根针的直径；P 为螺纹的螺距。

另外，这一计算式当螺纹牙的角度为60°时适用。

d. 这种测量方法是分别在螺纹的头部、中心部以及尾部进行测量，然后将试样回转90°再重新进行测量。

e. 整理测量的结果，当存在误差时，要具体分析产生误差的原因。

⑤ 工具显微镜。

使用工具显微镜测量螺纹是将螺纹件置于显微镜的工作台上，用工具显微镜目镜中的"米"字形中心虚线测量螺纹的外径、有效直径以及螺距等（图10.8）。由于这种光学的测量方法能够放大螺纹的形状，所以当然能够测量螺纹的外形、内径以及有效直径，还能够用于螺距和螺纹牙的角度测量（图10.9）。

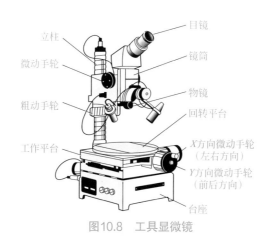

图10.8　工具显微镜

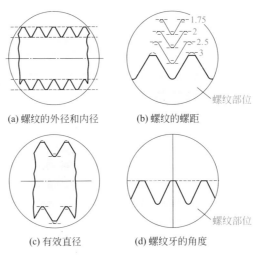

(a) 螺纹的外径和内径　　　(b) 螺纹的螺距

(c) 有效直径　　　(d) 螺纹牙的角度

图10.9　测量的示例

⑥ 螺纹量规。

螺纹量规有标准螺纹量规和极限式螺纹量规等类型。用螺纹量规测量作为短时间内进行螺纹质量检查的方法被广泛使用。

标准螺纹量规是根据螺纹的标准牙型和标准尺寸制作的螺纹量规，螺纹环规和螺纹塞规是精密配合的成套使用的量规，作为按照量规的旋合和通止的程度进行螺纹零件质量检查的仪器而被使用（图10.10）。

图10.10　标准螺纹量规

极限式螺纹量规是通过具有"过端"和"止端"这两种尺寸差的螺纹，预先设定螺纹尺寸精度的上限和下限，进行尺寸精度的上限和下限检查的器具，用来对螺纹尺寸精度进行管理以及确保螺纹的互换性（图10.11）。

过端的螺纹量规用于检查外螺纹和内螺纹的互换性；止端的螺纹量规用于检查螺纹牙的角度和螺距。

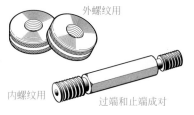

外螺纹用

内螺纹用

过端和止端成对

图10.11　极限式螺纹量规

10-2

齿轮的测量

 为了使机械设备正常运转，要准确地测量齿轮的尺寸。

❶ 齿距和模数是保证齿轮相互啮合的重要参数。
❷ 齿轮的测量方法有公法线长度测量法和量柱距测量法等。

(1) 齿轮的基础

齿轮的各部位名称见图10.12。

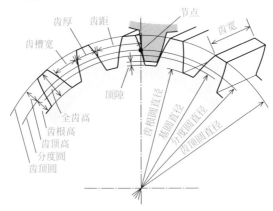

图10.12　齿轮的各部位名称

将齿轮和齿轮的啮合点称为节点，通过节点的圆称为分度圆。另外，通过齿顶的圆称为齿顶圆，通过齿根的圆称为齿根圆，将分度圆的直径d（mm）除以齿数z（枚）所得的值称为模数（图10.13）。如果齿轮的齿形相同，就能够相互啮合。能够相互啮合齿轮的模数相等。

模数0.5　　模数1　　模数2　　模数3

图10.13　模数

模数

$$m = \frac{d}{z}$$

即使是模数相同的齿轮，如果齿的形状或中心距等出现误差，也会产生噪声和振动，这有可能成为导致整个机械装置出现损坏事故的原因。因此，齿轮的尺寸监控和形状检查非常重要，需要准确地测量这些参数。

为了使齿轮能够圆滑地进行啮合，研发了各种各样的齿轮曲线。现在的JIS标准中，采用渐开线曲线，这种曲线的特点是加工方法简单而生产效率高、两齿轮的中心距变化影响小、载荷的传递方向一定等（图10.14）。渐开线曲线是指将缠绕在圆柱上的细绳的一端张紧拉直时，由细绳的前端所绘制的曲线轨迹。

图10.14　渐开线曲线

齿轮有各种各样的类型。

① 两轴平行的齿轮（图10.15）。

直齿轮是齿向与轴平行的常用齿轮，更多是作为动力传递用的齿轮。斜齿轮是比直齿轮的传递能力更强、噪声和振动更小的齿轮。齿条是指将直齿轮制成平板状的齿轮。这种齿条与齿数比较少的小齿轮一起使用，能将回转运动转换成直线运动。

(a) 直齿轮　　　　　(b) 斜齿轮　　　　　(c) 齿条和小齿轮

图10.15　两轴平行的齿轮

② 两轴相交的齿轮（图10.16）。

锥齿轮有直齿锥齿轮和螺旋齿锥齿轮两种，直齿锥齿轮的齿向与分度圆的母线一致，螺旋齿锥齿轮的齿向是扭曲的。

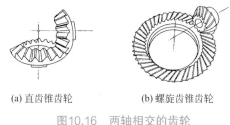

(a) 直齿锥齿轮　　　　　(b) 螺旋齿锥齿轮

图10.16　两轴相交的齿轮

（2）齿轮的测量

① 公法线长度测量法。

公法线长度测量法是使用齿厚千分尺进行测量的简单方法，被广泛使用（图10.17）。这种方法是用齿厚千分尺跨 z_m 枚齿进行长度测量，通过将测量值与理论值进行比较，检查齿轮的形状。

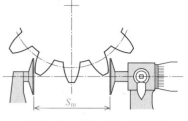

图10.17　公法线长度测量法

采用公法线长度测量法进行测量的步骤如下所示。

a. 分析要测量的已知齿轮的模数 m、齿数 z 以及压力角 α，求解公法线所要跨越的齿数 z_m 和公法线长度的理论值 S_m。

公法线长度 S_m 的计算式：

$$S_m = m \cos \alpha_0 [\pi(z_m - 0.5) + z \operatorname{inv} \alpha_0 + 2Xm \sin \alpha_0]$$

跨越的齿数 z_m 的计算式：

$$z'_m = zK(f) + 0.5 \qquad （设 z_m 为最接近于 z'_m 的整数）$$

在这里，有

$$K(f) = \frac{1}{\pi} \left[\sec \alpha_0 \sqrt{(1 + 2f)^2 - \cos^2 \alpha_0} - \operatorname{inv} \alpha_0 - 2f \tan \alpha_0 \right]$$

$$f = X/z$$

式中　m——模数；

$\quad \alpha_0$——压力角；

$\quad z$——齿数；

$\quad X$——变位系数；

$\quad S_m$——公法线长度；

$\quad z_m$——公法线跨越的齿数。

$$\operatorname{inv} 20° \approx 0.014904$$

$$\operatorname{inv} 14.5° \approx 0.0055448$$

b. 在齿轮的圆周上随意选取 3 ～ 5 处进行测量，然后取其平均值作为测量值。

c. 分析测量的结果，求解出公法线长度的测量值 S'_m 和理论值 S_m 的差。然后，如果存在误差，要分析引起误差的原因。

② 量柱距测量法。

量柱距测量法是在齿槽内放入圆柱或球，用千分尺等测量其外侧尺寸的方法（图10.18）。这时所测量的外侧尺寸称为量柱距离。当齿轮的齿数为偶数时，测量相对的齿槽；当齿轮的齿数为奇数时，则测量偏转（$180/z$）°的齿槽。这种方法虽然不是直接测量齿厚，但测量的量柱距离与齿厚存在一定的关系，因此，可以通过计算求解出齿厚。

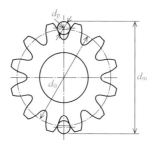
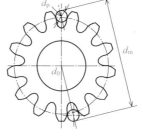

(a) 偶数齿的场合   (b) 奇数齿的场合

图10.18   量柱距测量法

③ 分度圆弦齿厚测量法（图10.19）。

分度圆弦齿厚测量法是以齿轮的齿顶圆为基准，采用齿厚游标卡尺测量分度圆上的圆弧齿厚、齿厚的圆角、弦齿厚以及弦齿高等的方法。

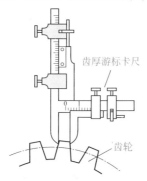

齿厚游标卡尺

齿轮

图10.19   分度圆弦齿厚测量法

习题

10.1 螺纹螺距是指什么?

10.2 螺纹有效直径是指什么?

10.3 在测量螺纹时,使用什么样的千分尺?

10.4 使用3个具有相同直径的高精度针量块测量外螺纹有效直径的方法叫什么?

10.5 极限式螺纹量规为什么要两个组成一套使用?

10.6 齿轮模数是指什么?

10.7 使齿轮能够圆滑啮合的曲线被称为什么曲线?

10.8 试对公法线长度测量方法进行说明。

10.9 试对量柱距测量法进行说明。

10.10 试对分度圆弦齿厚测量法进行说明。

习题解答

第1章

1.1
长度：米（m）
质量：千克（kg）
时间：秒（s）
电流：安培（A）
热力学温度：开尔文（K）
物质的量：摩尔（mol）
发光强度：坎德拉（cd）

1.2
用基本单位表示的牛顿（N）是 $m \cdot kg \cdot s^{-2}$

1.3
用基本单位表示的焦耳（J）是 $N \cdot m = m^2 \cdot kg \cdot s^{-2}$

1.4
G（吉）是 10^9；
M（兆）是 10^6；
μ（微）是 10^{-6}；
n（纳）是 10^{-9}。

1.5
误差＝测量值－真值
相对误差＝误差/真值

1.6
称为系统误差，进而能分为理论误差、测量仪器的固有误差以及操作误差。

1.7

由于两者的准确度误差都较小，所以准确度较高，但精密度的误差较大，尤其图（b）中精密度偏离真值的距离较大，所以图（b）中精密度较差。

1.8

$$灵敏度 = \frac{指示量的变化}{测量值的变化}$$

1.9

为了进行高精度的测量，需要使用高灵敏度的测量仪器。反之，并不成立。

1.10

测量仪器要确保其测量结果是基于相同的标准，必须建立相对于国家维护和管理标准的可追溯性。

1.11

数字方式的特点是测量值的采集容易，能与计算机等进行连接，测量值的记录和运算以及传输等容易实现。

1.12

AD变换。

1.13

① 6.28   ② 0.0791

③ 331   ④ 1.47×10^5

在式④中，因为有效数字的最后位处于千位上，所以取舍圆整之后的数值用 $\times 10^5$ 的形式表示。

第2章

2.1
因为光在不变性、再现性、永久性等方面的性能优异，所以采用光的速度作为基准长度的基准。

2.2
线纹长度度量、端面长度度量。

2.3
由于最末位的数值是0.005，所以首先选1.005。则有：

$$18.725-1.005=17.72$$

这时，由于最末位的数值是0.02，所以再选1.22的量块。

$$17.72-1.22=16.5$$

剩余的尺寸为16.5，因为这正是最大量块的尺寸，所以能够用3个量块构成尺寸链。

研合1.005、1.22以及16.5这三个量块，组成18.725mm的测量尺寸。

2.4
游标卡尺。

2.5
千分尺。

2.6
光学比较仪。

2.7
①受激吸收的状态；②自发辐射的状态；③受激辐射的状态；④光强增幅的状态。

2.8
由于激光与来自其他光源的光相比，在方向性和相干性方面具有格外突出的优点，所以在精密测量的场合中通常都使用激光。

2.9

气动量仪。

2.10

20℃、23℃、25℃等。

2.11

根据两接触表面是平面和球面、平面和圆筒面还是球面和球面，能够分别确定材料是钢材时的接近量。

2.12

贝塞尔点是指有如标尺这样的线刻度标准器，当在中性面上支撑带有刻度的线刻度器时，全长在中性面内弯曲误差量最小的支撑点位置。

艾力支撑点是指有如量块这样的两端平行的物体，当水平放置的物体被支撑时，物体在重力的作用下两端面仍能保持平行状态的支撑点位置。

2.13

滞后偏差是指应变量 Y 相对于某一自变量 X 的变化，自变量 X 增加时 Y 和 X 之间的关系与自变量 X 减少时 Y 和 X 之间的关系存在的差值。例如，丝杠的间隙以及齿轮的间隙等。

2.14

正确的是2。

第3章

3.1
质量的单位是kg，力的单位是N。

3.2
国际千克原器。

3.3
所谓的1N是指使1kg的物体产生1m/s^{2}的加速度的力的大小。

3.4
弹簧秤测量的不是质量，而是重量。这种测量器具的量值因为包含因地点不同而发生变化的重力加速度，所以弹簧秤的测量精度无法与天平秤相比。

3.5
皮带秤、料斗秤。

3.6
电阻应变片是将在导体或半导体上施加作用力所产生的应变转换成电阻进行测量的仪器。因为应变片是基于长度的变化量，所以根据胡克定律，能够通过应变量乘以材料的弹性系数求解出应力。

3.7
功率是指单位时间内所做的功（能量），单位是瓦特（W）（1W=1J/s）。

3.8

$$P = \frac{2\pi}{60} nT$$

3.9
所谓的功率计就是测量转矩的装置。

3.10
普朗尼测功器。

第4章

4.1
绝对压强是以绝对真空为基准的压强，相对压强是以大气压为基准的压强。

4.2
101.3kPa。

4.3
因为有0.5MPa=500kPa，则：

绝对压强=相对压强+大气压=500+101.3601.3（kPa）

≈0.6（MPa）

4.4
由压强$p=\rho gh$，得$p=1000×9.8×10=98×10^3=98$（kPa）。

4.5
以波登管压力计为代表的弹簧式压力计能测量更高的压强。

4.6
薄膜式压力表。

4.7
波纹管式压力表。

4.8
在日本工业标准JIS中，真空是指气压低于大气压时的空间状态。

4.9
麦克劳真空计。

4.10
真空的主要应用是半导体和电子产品类，以及日常生活中常见的CD或DVD等的薄膜生成以及加工制造装置等。

第5章

5.1
秒（s）。

5.2
原子的振荡。

5.3
兵库县明石市（东经135°）。

5.4
太阳时钟、水钟。

5.5

$$T = 2\pi\sqrt{\frac{l}{g}}$$

5.6
石英晶体振荡装置。

5.7
电波钟是指通过钟内配置的高性能天线接收含有时间信息的标准电波，具有自动误差修正功能的钟表。

5.8
大多数机械设备的旋转速度都是用每分钟内的旋转次数表示，其单位采用r/min或者rpm。

5.9
手持式转速表、电子计数式转速计。

5.10
因为频闪仪是以非接触方式进行测量，所以即使转矩很小的转动，也能实现准确的测量。最高能测量30000r/min的转动速度。

第6章

6.1
热能是指由于温度差别而转移的能量，温度是表示物体分子热运动的剧烈程度的量值。

6.2
热力学温度，单位是开尔文（K）。
摄氏温度，单位是摄氏度（℃）。
华氏温度，单位是华氏度（℉）。

6.3
热膨胀。

6.4
双金属片温度计是将热膨胀系数不同的2枚金属板粘接在一起，利用双金属片的弯曲因温度不同而变化的性质制成的温度计。

6.5
热电偶利用塞贝克效应，将两种不同类型的金属导线的两端分别连接，只要两个连接点处的温度不同，在回路中就会因热电效应产生热电动势。

6.6
热敏电阻是指一种在不同温度下表现出不同电阻值的对温度敏感的敏感元件，包括电阻值随着温度的上升而减小的NTC热敏电阻和电阻值随着温度的上升而增大的PTC热敏电阻等。

6.7
光测高温计是一种将高温计内装电灯泡的灯丝的辉度调整到与炽热的被测物体的辉度相同，这种情况下通过流过灯丝的电流读出炽热物体温度的器具。

6.8
红外线温度计通过测量物体辐射出的可视光线的强度，确定物体的温度。

6.9

绝对湿度表示的是单位体积气体中含有的水蒸气的质量。相对湿度是指某温度的气体中含有的水蒸气和同体积的气体在相同温度下含有的饱和水蒸气量之比，用百分比（%）表示。

6.10

在毛发湿度计、干湿球温度计、露点仪之中，选取两个。

6.11

$$F = \frac{9}{5}t + 32 = \frac{9}{5} \times 40 + 32 = 104(^\circ F)$$

6.12

$$t = \frac{5}{9}(F - 32) = \frac{5}{9} \times (100 - 32) = 37.8(^\circ C)$$

第7章

7.1
所谓的密度是指每单位体积的质量。

7.2
所谓的相对密度是指某物质的重量相对于一个标准大气压下的同体积纯水具有最大密度（4℃）时的重量的比值。

7.3
在孔板式、喷嘴式以及文丘里管式中选择两种。

7.4
面积式流量计。

7.5
电磁式流量计的工作原理是通过线圈内的电流流动，在管路内形成磁场，由于在磁场中流动的液体会产生与其电导率相应的电动势，通过测量电动势的大小就能够进行导电流体的流量测量。

7.6
皮托管。

7.7
钩形液位计的工作原理是从液面的下面向上提起钩针，捕捉钩针突出液面瞬间的表面张力变化进行测量。

7.8
通过作用在回转体上的黏性阻尼进行测量的旋转式黏度计和通过测量一定量的液体向下流过细管的时间进行测量的毛细管式黏度计。

7.9
层流是指流体内的各粒子都规则排列的流动。与此相应，湍流是指流体内的各粒子不规则排列的流动。

7.10
称为临界雷诺数，数值大约为2320。

第8章

8.1
① 拉伸试验；　　② 压缩试验；　　③ 剪切试验；
④ 弯曲试验；　　⑤ 蠕变试验。

8.2
屈服点。

8.3
压入硬度试验方式：维氏硬度、布氏硬度、洛氏硬度。
回跳硬度试验方式：肖氏硬度。

8.4
夏比冲击值=冲断试样所需的能量/试样缺口处的横截面积

8.5
韧性材料。

8.6
淬火处理和回火处理。

第9章

9.1
约翰逊式角度规、NPL式角度量块。

9.2
正弦量规是利用直角三角形的斜边和高度之比进行角度测量的器具。

9.3
圆柱量规。

9.4
直线度是指单一实际直线与几何学平面的偏差量大小。

9.5
平面度是指被测的实际表面与几何学上的理想平面偏离的程度。

9.6
圆度是指被测的实际圆与理想的几何学上的圆偏离的程度。

9.7
三点法是指将被测物体放置在V形块上，使用测微器进行测量的方法。这种方法会因为V形块的角度改变测量值，所以采用1个角度无法对圆表面的凹凸进行准确的测量。

9.8
圆柱度是指实际的圆柱面与理想的几何学圆柱面的偏离程度。

9.9
轮廓算术平均偏差、轮廓最大高度、轮廓不平度十点高度。

9.10
触针式测量法。

第10章

10.1
所谓的螺距是指相邻的螺纹牙型之间的距离。

10.2
有效直径是指在螺纹牙型上的凸起和沟槽上母线宽度相等的假想圆柱体的直径。

10.3
外径千分尺、螺纹千分尺。

10.4
三针测量方法。

10.5
极限式螺纹量规采用"过端"和"止端"两种方式,检查所设定螺纹尺寸精度的上限和下限。

10.6
当假设齿轮的直径为d,齿数为z时,能用$d=mz$表示的m称为模数。为了使齿轮能相互啮合,要求成对齿轮的模数必须相等。

10.7
渐开线曲线。

10.8
公法线长度测量法是指用齿厚千分尺测量跨z_m个齿的公法线长度,通过将此时的测量值与理论值进行比较,检查齿轮形状的方法。

10.9
量柱距测量法是在齿槽内放入圆柱或球,用千分尺等测量其外侧尺寸的方法。

10.10
分度圆弦齿厚测量法是以齿轮的齿顶圆为基准,采用齿厚游标卡尺测量分度圆上的圆弧齿厚、齿厚的圆角、弦齿厚以及弦齿高等的方法。